新农村建设丛书

茎类野菜栽培技术

杨柏明　栾　剑　郭庆勋　主编

吉林出版集团股份有限公司
吉林科学技术出版社

图书在版编目（CIP）数据

茎类野菜栽培技术/杨柏明主编.
—长春：吉林出版集团股份有限公司，2007.11
（新农村建设丛书）
ISBN 978-7-80720-751-1

Ⅰ.茎… Ⅱ.杨… Ⅲ.野生植物－茎菜类蔬菜－蔬菜园艺 Ⅳ.S647

中国版本图书馆 CIP 数据核字（2007）第 163975 号

茎类野菜栽培技术
JINGLEI YECAI ZAIPEI JISHU

主编 杨柏明 栾 剑 郭庆勋
责任编辑 李 娇
出版发行 吉林出版集团股份有限公司 吉林科学技术出版社
印刷 三河市祥宏印务有限公司

2007 年 11 月第 1 版	2018 年 10 月第 9 次印刷
开本 850×1168mm 1/32	印张 4 字数 95 千
ISBN 978-7-80720-751-1	定价 16.00 元
社址 长春市人民大街 4646 号	邮编 130021
电话 0431－85661172	传真 0431－85618721
电子邮箱 xnc408@163.com	

版权所有 翻印必究
如有印装质量问题，可寄本社退换

《新农村建设丛书》编委会

主　　任　　韩长赋
副 主 任　　荀凤栖　陈晓光
委　　员　　王守臣　车秀兰　冯晓波　冯　巍
　　　　　　申奉澈　任凤霞　孙文杰　朱克民
　　　　　　朱　彤　朴昌旭　闫　平　闫玉清
　　　　　　吴文昌　宋亚峰　张永田　张伟汉
　　　　　　李元才　李守田　李耀民　杨福合
　　　　　　周殿富　岳德荣　李　林　苑大光
　　　　　　胡宪武　侯明山　闻国志　徐安凯
　　　　　　栾立明　秦贵信　贾　涛　高香兰
　　　　　　崔永刚　葛会清　谢文明　韩文瑜
　　　　　　靳锋云

茎类野菜栽培技术

主　编　杨柏明　栾　剑　郭庆勋
副主编　张鑫生　白忠义　怀风涛
编　者　尹相江　尹雪彤　王春英　冯冬超
　　　　白忠义　刘宏魁　孙厚君　许　鹏
　　　　吴　菲　吴　颖　张鑫生　李玉松
　　　　李春军　李　晶　李怀刚　杨柏明
　　　　周立臣　赵丛亮　栾　剑　郭庆勋
　　　　崔荣广　彭　雷　怀风涛　郑桂峰

出版说明

《新农村建设丛书》是一套针对"农家书屋""阳光工程""春风工程"专门编写的丛书,是吉林出版集团组织多家科研院所及千余位农业专家和涉农学科学者倾力打造的精品工程。

丛书内容编写突出科学性、实用性和通俗性,开本、装帧、定价强调适合农村特点,做到让农民买得起,看得懂,用得上。希望本书能够成为一套社会主义新农村建设的指导用书,成为一套指导农民增产增收、脱贫致富、提高自身文化素质、更新观念的学习资料,成为农民的良师益友。

目 录

第一章 野菜概述 …………………………………… 1
 第一节 资源分布 ………………………………… 1
 第二节 开发利用现状 …………………………… 2
 第三节 野菜的繁殖 ……………………………… 4
 第四节 采收与初加工 …………………………… 7

第二章 野菜的苗期栽培 …………………………… 13
 第一节 育苗设施 ………………………………… 13
 第二节 种子处理 ………………………………… 16
 第三节 播种 ……………………………………… 18
 第四节 苗床管理 ………………………………… 19
 第五节 起苗定植 ………………………………… 20

第三章 野菜的露地栽培 …………………………… 21
 第一节 选地整地 ………………………………… 21
 第二节 播种定植 ………………………………… 22
 第三节 田间管理 ………………………………… 23

第四章 野菜保护地栽培技术 ……………………… 25
 第一节 保护地栽培的设施 ……………………… 25
 第二节 野菜的春早熟栽培技术 ………………… 59
 第三节 野菜的秋延迟栽培技术 ………………… 60
 第四节 野菜的越冬栽培技术 …………………… 60

第五章 野菜(茎菜类)资源及其栽培技术 ………… 62
 第一节 水芹 ……………………………………… 62

第二节	水蒿	65
第三节	马齿苋	69
第四节	展枝唐松草	72
第五节	兴安升麻	75
第六节	藿香	78
第七节	稚隐天冬	80
第八节	菊花脑	84
第九节	反枝苋	87
第十节	石刁柏	89
第十一节	鹿药	92
第十二节	香薷	94
第十三节	香茶菜	96
第十四节	东风菜	98
第十五节	清明菜	100
第十六节	藜	102
第十七节	牛尾菜	106
第十八节	苣荬	108
第十九节	歪头菜	110
第二十节	山茄子	113
第二十一节	费菜	115

第一章 野菜概述

第一节 资源分布

中国地域辽阔，自然环境复杂多样，具有丰富的野菜资源。由于受地理、气候等条件的影响，野菜资源的分布既有广布性，又有区域性。

（1）辽宁、吉林、黑龙江三省及大兴安岭以东的内蒙古自治区的一部分，地处寒温带和温带。主要特点是：气候寒冷，雨热同季，日照充足，降雨量适中，土质肥沃，冻土多，沼泽多，适于耐寒性较强的植物生长。野菜资源以长白山东北部和西南部最为丰富，其次是大小兴安岭地区。常见的野菜有：歪头菜、辣蓼铁线莲、刺五加、辽东楤木、大叶芹、藿香、桔梗、轮叶沙参、轮叶党参、水蒿、东风菜、山尖子、牛蒡、兴安升麻、小黄花菜、稚隐天冬、牛尾菜等。

（2）河北、山西、山东三省及陕西、甘肃、河南、辽宁等省的大部分地区，地处暖温带。主要特点是：春季多风沙，夏热多雨，秋季短促，冬季晴燥。土壤条件平原和高原多为褐色土，弱碱性，富含钙质；海滨及较干旱地区常有盐碱土；山地和丘陵则为棕色森林土，土壤呈中性至微酸性。常见的野菜有：歪头菜、山韭、水蒿、苣荬菜等。

（3）大兴安岭以西，黄土高原和昆仑山以北的广大干旱和半干旱的草原及荒漠地区，包括宁夏和新疆维吾尔自治区，河北、陕西、山西三省的北部，内蒙古、甘肃和青海的柴达木盆地。地域面积广阔，气候条件复杂，干旱少雨，风沙大，土壤盐渍化严重。东部高原平坦，西部盆地宽阔。其中宁夏、甘肃和陕西等省区的野菜资源较为丰富，并以耐旱性沙生和耐寒性种类为多。常见的野菜有：白花碎米荠、薄荷、蒲公英、车前等。

第二节　开发利用现状

野菜与人类生存和社会发展密切相关，历史上曾为人们果腹充饥，山区、林区及农村老百姓在无菜缺菜季节往往采之代替蔬菜。随着人们对纯天然、无污染、不施用农药、化肥的绿色食品的需求和渴望，目前，野菜已成为城乡居民喜食的美味佳肴。它为改善人们的膳食结构、补充人体所需的营养成分、强身健体、防病治病起到了重要作用。同时，也是重要的食品、医药工业原料。野菜的深加工及有效成分的提取，为保健食品、药品、化妆品等提供了天然添加剂及药用成分。野菜的开发利用对发挥地方优势、调整种植业结构、促进农村经济发展和为国家出口创汇均具有重要意义。

随着商品经济的发展和外贸出口的需要，野菜的开发利用越来越受到人们的重视。人们已经预见到野菜所蕴含的巨大潜力，由自采自食发展为采集——收购——初加工——批量销售或深加工——内销和对外出口。一些野菜加工企业及出口加工基地相继出现，除传统的干制、腌制、盐渍外，还开发出罐装、瓶装、风味小菜制品、小包装干制品、软包装保鲜品及野菜汁等系列产品。

野菜的人工栽培逐渐受到重视，一些地区充分利用当地的资源优势，建立起野菜人工栽培基地，已对包括马齿苋、蒲公英、刺嫩芽、蕨菜、桔梗、牛蒡、小黄花菜、大叶芹、水蒿等四十余种野菜成功地进行了人工栽培，其中20多种已大面积生产。

野菜的开发利用日渐增温，已出现了良好的发展势头。但是人们对野菜的资源、食用价值、经济意义等方面还缺乏足够的认识，在引种驯化、繁殖栽培、加工利用等方面还存在一些问题，主要表现在：

一、资源利用不均衡

某些地区对一些传统野菜无计划地长期过度采摘，造成该资源的严重匮乏和退化，如蕨菜、薇菜、刺嫩芽。同时，分布在偏远山区、林区及少数民族地区的大量野菜，仍处在自采自食或自生自灭状态，尚未被人们认识和接受，而埋没在深山老林中，致使资源白白浪费。据统计，目前进行生产的野菜仅占全国野菜资源的7%左右。

二、生产、加工水平与发达国家相比还有一定的差距

一些加工厂设备陈旧落后，生产水平低，加工品种单一，质量不过关，尤以保鲜技术和综合加工工艺滞后，严重影响野菜的出口竞争。如日本、韩国将中国的野菜软包装产品低价买去，再重新加工包装，即可以高出其几倍甚至几十倍的价格售出，这无形中造成我国的资源流失和经济损失。

三、人工栽培研究力度不够

对于一些季节性强、资源匮乏的野菜种类，进行引种驯化、人工栽培，以及利用组织培养技术进行快速繁殖是十分必要的，它是野生植物资源保护、开发利用的重要途径，对此尚未引起有关方面足够的重视。

野菜正在为大多数人们所接受和喜爱，野菜的内销市场看好。同时，随着野菜加工工艺、产品质量的不断提高，出口需求量在不断增加，前景广阔。但应注意适时、合理、计划采摘；了解市场需求，避免盲目生产；加强栽培研究，扩大栽培面积，逐渐增加新种类，在北方，尤要重视反季节野菜的生产；开展野菜的深加工，利用野菜抗逆性、抗病性强的特点进行综合开发利用，使其向方便型、营养型、保健型、风味型等方面发展。

第三节 野菜的繁殖

野菜的繁殖通常分为有性繁殖、无性繁殖。

一、有性繁殖

有性繁殖又叫种子繁殖。雌雄两性配子受精以后，受精卵发育成胚，受精的极核发育成胚乳，珠被发育成种皮，胚、胚乳和种皮三者共同形成种子。种子繁殖方法有较强的可塑性和广泛的适应性，其繁殖系数大，方法简单，便于操作，在条件适宜的情况下，能大量获得实生苗，是种子植物的主要繁殖方法。

1. 种子的特性　种子是处于休眠状态、具有生命力的活体。成熟的种子，只要打破休眠，具备种子萌发所需要的温度、水分、空气等条件，就能生根发芽，在适宜的土壤、光照条件下，长成新植株。由于种子的结构、成分和贮藏的条件不同，它的生命力就有长有短，如桔梗种子的生命力不超过 1 年，百合种子的生命力为 2~3 年。改变贮藏条件，如在温度零下 20℃左右、湿度 15%、二氧化碳含量高于氧气、无光照的条件下，可大大延长种子的生命力。

2. 选种和采种　首先要选择品种纯正、发育正常、健壮、无病虫害的植株作为采种的母株，并对母株加强肥水管理；其次要及时采收发育成熟的种子，剔除干瘪和不饱满的种子；采集后的种子一般采用阴干或晒干，装入纸袋或通气的容器，并放在通风干燥的条件下保存，不能装入塑料袋，以防霉变。

3. 播种前种子的处理　为了促进种子迅速发芽和使一些难发芽的种子及时萌发，须要进行适当的处理，一般可采用如下方法：

（1）对大多数易发芽的种子可采用冷水或温汤浸种，冷水浸种在 10 小时左右，种子全部浸在水中；温汤浸种在 4 小时左右，将种子倒入 50℃的温水，边倒边搅拌，直至水温比体温稍低再停止搅拌。浸种后，控净水，用纱布覆盖，在25℃~30℃的条件下催芽，当芽露头即可播种。

（2）对于种皮较硬、外被胶质或蜡质、吸水力差的种子，采用机械损伤、去壳或用硫酸、赤霉素等化学药剂处理后，再浸种催芽。

（3）有些种子收获后，还需要一段时间完成后熟；有的还有一定的休眠期，可采用低温处理或用赤霉素处理，打破种子休眠，促进其提早发芽。

4. 播种期　大多数野菜种子适宜春播或秋播。春播的种子已通过了休眠，秋播的在低温湿润条件下有利于打破休眠。有些种子采后即可播种，并且发芽率高。为了做到心中有数，应了解植物生长发育的特性，结合气候等条件，适时进行播种。

5. 播种方法　分为撒播、条播和穴播3种。

（1）撒播　在整平的土层表面均匀撒上种子，再覆盖表土。此种方法适于育苗盘育苗、大田种畦种植。大田撒播适用于植株直立、分枝少，并有利于提高单位面积产量、对品质影响较小的品种，出苗后及时间苗、分苗，通风透光，防止徒长，能减少病虫害，提高土地的利用率。

（2）条播在垄的中间开沟，再将种子均匀播下。适于垄播或畦播。优点是植株间距小，行间距大，光照充足，通风透光，幼苗健壮，便于中耕除草。

（3）穴播是按照株行距挖穴直接播种。适于育苗钵、大田垄播。可节省种子，便于管理，有利于植物生长。

6. 播种深度　覆土厚度为种子直径的3倍左右，大粒种子覆土深一些，小粒种子覆土浅一些；黏质土壤、干旱条件下播种宜深，沙壤土、湿润环境下播种宜浅；种根类的应深埋一些，栽茎的应浅埋；单子叶植物的种子可覆土深一些，双子叶植物的种子宜浅播。播种的深浅直接影响出苗率，应依据植株的特点灵活掌握。

二、无性繁殖

无性繁殖是利用植物的部分营养器官，如根、茎、叶、芽、花药等进行繁殖而形成新个体的过程。它是利用植株营养器官的再生能力和能产生不定芽或不定根的性能来繁殖的。优点是能保持母本的优良性状，但生活力不如播种苗强。通常采用扦插、压条、分株（分离）、组织培养等方法。

1. 扦插　切取根、茎、叶三者中的任何一部分，插入珍珠岩、蛭石、沙床中，在温度、湿度适宜的条件下，使其发根，进而发育成新的植株。此法的优点是：生长快、开花期早，短期内能育出大量幼苗。凡易产生不定根的野菜均可采取扦插法，如马齿苋。

2. 压条　是将枝条压入土中，促使其生根、发芽后，再与母株分离，按芽切断栽植，培育成新植株，如柳蒿芽。

3. 分株（分离）　是将植株的球茎、鳞茎、根茎、株芽、块根或块茎等从母株上分割下来，培育成新个体的过程。分鳞茎的如百合，分珠芽的如卷丹。

4. 组织培养　是人们利用植物细胞的全能性，在无菌条件下，用人工制备的培养基培养植株的一个离体部分，如：根、茎、叶、花、果实、胚、胚珠、子房、花序，甚至无菌短枝或种子等均可做外植体进行组织培养，以达到快速繁育和培育新品种的目的。用组织培养的方法，不仅可以用极少的植物材料繁殖大量的植株，还可以得到去病毒的壮苗。组织培养应注意以下事项：

(1) 培养基的配制　培养基就是离体的植物器官、组织生长的土壤和肥料。不同的植物需要的、最佳的培养基组成也不同，主要成分有无机盐类、碳源、能源、肌醇、氨基酸、天然化合物、激素、琼脂、其他有机物。根据需要，可制成固体或液体培养基。不同外植体选用不同的培养基。

(2) 取材　组织培养取用材料的时间、部位、大小及植物的生理状态都会影响培养的效果。应在生长初期，切取茎尖、根尖、芽尖或嫩叶基部等分生能力强的分生组织形成层部位，易于诱导。

（3）植物材料的灭菌　将外植体在清水中漂洗去灰尘，用滤纸吸干表面水分，浸泡在70％的乙醇中15~30秒，再浸入0.1％升汞溶液灭菌5分钟，取出，用无菌水冲洗3~4次，滤纸吸干水分备用。

（4）培养方法　在无菌条件下，将外植体接入盛有培养基的培养瓶或试管中，封口膜封口。环境条件要满足其生长的需要，温度保持在25℃左右，光照强度1500勒克斯，光照时间12小时，湿度50％左右。

（5）试管苗的移栽　当试管苗长出3厘米左右的白色根，并伴有侧根和根毛时，即可把试管苗移到室外，在适宜的温度条件下，放置3~4天，再打开瓶口炼苗2~3天，然后移入消毒过的盛有珍珠岩或蛭石的育苗盘中。移栽前要洗净培养基，移栽后要防止曝晒，注意保湿。

第四节　采收与初加工

野菜生长具有明显的季节性、地域性和可食部位的局限性，所以，在了解野菜习性，辨明野菜种类后，掌握野菜的采收、贮藏与加工的技术与手段，是合理开发和充分利用野菜资源的前提保障。

一、采收与标准

采收应适时、合理、有计划、按规格地进行。

1. 适时采收　在野菜最宜食用的时期进行采收是确保野菜质量、产量及较高商品价值的关键。过早采收产量低，达不到标准，造成资源浪费；采收过晚，往往使野菜纤维化、木质化，甚至无法食用，失去商品价值。

2. 合理计划采收，注意资源保护　采收时应遵循采大留小、采梢留根、采嫩留老的原则。同时，注意资源保护、计划采收，不可一扫而光、连根拔绝，应轮休轮采，留下根、茎等，以利再生，保证资源的持续利用。

3. 按规格采收　为确保野菜的商品价值，应按一定的规格进行采收，随采随整理、分类，相同种类、相同规格的应捆扎成把。蕨等采下后基部失水老化得较快，可将掐口在地面擦蹭几下，以使茬口尽快封闭。采收时，动作要快，尽量减少其在手中停留的时间，并及时装进筐、篓，再用青草盖在上面，以防机械损伤、失水萎蔫及氧化褐变。非同种野菜，不宜扎把的，可用报纸卷上，及时放入筐、篓内。不要使用塑料袋包裹，以免发热焐霉。

二、贮藏与初加工

野菜的特点是资源分散、采收期短。因此，野菜的贮藏和加工显得非常重要。野菜种类繁多，其生物学特性各不相同，每种野菜的贮存和加工都有其特有的方式，并非千篇一律，要通过实践不断摸索。现仅就野菜贮存、加工的基本原则予以简介。

1. 冷藏　低温是长期贮存新鲜野菜或其加工制品的最有效途径。由于低温会不同程度地控制导致野菜腐败变质的因素，所以，其他的贮藏加工方法，在低温的条件配合下，能达到更好的贮存目的。

常见鲜野菜低温贮藏的方法是：用新鲜的藓类植物、青草或植物的叶片等铺垫、覆盖或用纸、保鲜膜包裹。这些包裹材料可降低"散发作用"（散发作用：是指水分以气体状态由植物的表面将体内水分散失到体外的现象。），保持野菜的鲜度。不要用普通塑料膜或袋，它们的透气性差，内表面又易"结霜"，会导致"焐菜"。不得不使用时，应注意不要将菜装满，留有空间，封口不要扎紧，且袋壁上要剪留若干小孔，使之能较好地透气散热。然后按"根"下"梢"上方式垂直放置于低温处，此原理基于"垂直保鲜法"，即改变自然生长状况下的位置，将会使呼吸作用,"散发作用"加强。

野菜类宜用纸箱、塑料盒等有形容器包装。早期的鲜贮方法是用干冰保鲜法,其原理是固态的二氧化碳分子汽化时将吸收热量,使环境温度降低;同时,二氧化碳的浓度增加,能减缓野菜的呼吸作用。此方法的缺点是温度不易控制,过高的二氧化碳浓度会毒害野菜。近年来,利用化学冰保藏蔬菜的方法用于鲜野菜出口保鲜比较成功,其做法是在塑料发泡盒内将野菜与化学冰分隔放置,化学冰液化时吸收热量,能保持野菜的低温环境。此法可保鲜贮存刺嫩芽等野菜,但成本过高。

冷藏能较好保存野菜的营养与风味,适合于含灰分少宜于鲜食的种类,但保存期太短,一般仅 3~7 天。并非所有种类的野菜均适合此种方法,例如采收后"成长作用"(老化)明显的蕨类植物就不宜用此方法保鲜。

2. 冷冻 冷冻贮藏即采用冷冻的方式,使野菜冻结,并维持冰冻状态,以阻止或延缓其腐败变质的方法。此法适于远途运输或长期贮存。冷冻有速冻和缓冻之分,其划分依据是冷冻的速度。食品中心温度由零下 1℃降至零下 5℃所需的时间在 30 分钟以内,称之为速冻;超过 30 分钟的,称之为缓冻。由于缓冻过程中细胞内外的结冰速度不同,胞外先结成的冰晶可能损伤细胞膜,解冻后脱汁明显,营养风味损失严重,菜质变软,实际加工中一般不用此方法。

速冻过程中,细胞内外同时结冰,对细胞损伤程度极小,能较好地保存野菜的营养与风味,是一种理想的加工方法。但此法要求技术设备条件严格,投资大,产品成本高,且并非所有野菜种类均适合于此种加工方法。

3. 干制 野菜干制即在自然状态下或人工处理情况下,使野菜失水干燥的加工方法。此法便于野菜的长期保存及远途运输。有自然干制和人工干制两种。

(1) 自然干制 是指利用太阳辐射热、自然风等使野菜脱水干燥的加工方法。其特点是设备简单、成本低廉，是野菜产区较普遍使用的方法。适合于含灰分较多、不宜鲜食的种类。常用于蕨菜、薇菜、猴腿蕨、发菜、桔梗、黄花菜等。缺点是易受气候和地区的限制。

（2）人工干制　是由人工控制干燥条件的一种加工方法。它既包括较传统的烘炕、烘房、干燥机械，也包括现代技术如微波干燥技术和红外线干燥技术，特别是真空冻干技术。由于真空冻干过程不需要热处理，因此能更好地保持野菜的原有色泽、营养和风味。大多数野菜适于此干制方法。其缺点是设备昂贵，产品成本过高。

4. 盐制　盐溶液具有强烈的渗透和脱水作用，当盐浓度为 7%～10% 时，就可以有效控制各种细菌的生长繁殖；当盐浓度达到 15% 时，可引起细菌质壁分离而致死亡，同时野菜体内能够促进呼吸、成长作用及催促褐变的酶会因失水而导致活性消失。

传统盐制野菜的方法分干制和湿制两种：

（1）干制法　即层菜层盐法，其具体做法是：先在容器底部铺撒厚约 2 厘米的无碘盐，摆放上一层菜；再铺撒一层盐之后再摆一层菜，最后在容器的顶部再铺撒一层盐封口，压上重物。此盐渍方法适合于含水量较高的野菜种类。

（2）湿制法　即先在容器底部铺撒厚 2 厘米的无碘盐，再逐层摆放野菜，野菜装满后，上面铺撒封口盐，注入饱和盐水，压上重物。此盐制法适合于含水量较低的野菜种类。

上述两种盐制方法共有的缺点是：为呼吸作用、成长作用、酶促褐变等劣变过程留有时间余地。为解决此问题，在传统方法的基础上，衍生出新盐渍法。

（3）新盐渍法　将采收的野菜整理后立即投入已备好的无碘饱和盐水中，6～24 小时捞出，再视原料性质采取干制或湿制的方法盐制。此方法的优点是能较快地将野菜体内与劣变有关的酶钝化，提高盐制品的品质。近年已在内蒙古、黑龙江、吉林等地的一些野菜产区广泛采用。这种经新盐渍法处理的野菜，与传统盐制法的制品相比，品质明显提高。

多数野菜是不可以鲜食的，原因在于它们体内含有单宁、生物碱、糖苷、皂甙等带异味，甚至有毒的物质，这些物质统称为"灰分"。这类野菜在盐渍状态下，细胞膜上蛋白质变性，透性加大，灰分物质将溶于盐水中，这类野菜应再次盐渍，应将第一次含有大量灰分物质的盐水倒掉。盐渍时压重物也是必要的，它不仅可以加速盐渍的速度，同时也有利于灰分的去除。

有些野菜在盐制前还需焯煮，例如荚果蕨。焯煮要在浓度为15%的盐水中进行，目的除前述（冷冻、干制前的焯煮）原因外，还有定型作用。未经焯煮盐制的荚果蕨脱盐时易开卷，加工软包装时易褐变。

盐制时盐的浓度应尽可能高，宁多勿少。在无法确认盐浓度的情况下，以封口盐不再溶解为准。

空气中的氧气和阳光对盐渍野菜的非酶褐变有促进作用，特别是二者同时存在时，褐变将加速。因此，盐制野菜在加工或贮藏时应放置在避光处，尽可能缩短光下时间。同时，尽可能减少在空气中暴露的时间，这样会更好地保存野菜的原有品质。

5. 罐藏　是指将食品装入容器中，经脱气、密封后加热杀菌，使食品得以长期保存的方法。加热处理是罐藏食品最基本的工序，但过热处理将会导致食品品质下降。因此，为减少热处理的副作用，热处理的标准以杀死致病菌及引起食品腐败的细菌为准，即所谓的商业无菌，而不是生物学意义上的无菌。

罐藏容器的材料常用的有金属罐、玻璃瓶、铝罐及软包装。目前野菜罐藏以软包装制品为主。适于软包装加工的野菜种类很多，其原料性质可以是鲜品，也可以是盐渍品或干制品，但多数由鲜品直接加工成软包装制品的野菜，其品质不如盐渍品再加工的好，如蕨菜、猴腿蹄盖蕨、荚果蕨等。这些野菜鲜品经盐化处理（参照盐制），除杀菌、钝化酶、去除灰分外，还能改善野菜的品质，提高加工性能。

6. 醋酸保藏　有机酸中醋酸防腐作用最强，而冰醋酸更强。当冰醋酸溶液 pH 值 3～4 时，所有细菌的生长繁殖都将停止，保质期可达 1 年。利用此方法加工的冰醋酸分株紫萁产品已成功地向日本出口。

上述野菜贮藏与加工的方法是最基本的方法，除此之外，还有腌制、糖渍、放射线照射保藏等法。每种野菜都有其特定的生物学特性，加工目的不仅仅是为长期贮藏，还包括风味的改善和品质的提高。因此，通过实践，选择最适宜的加工方法，探索新的加工工艺非常必要。

第二章 野菜的苗期栽培

第一节 育苗设施

野菜栽培的目的是把我国丰富的野生可食植物资源,通过引种栽培,转变成栽培野菜,生产出数量多、品质好的产品,以满足人们的需要。在生产中,为了早定植、早收获,延长生育期,我们多采用育苗移栽的方式。育苗是生产中十分重要的环节。

一、庭院野菜育苗的设施与形式

1. 盆、箱容器育苗 若庭院可用于种菜的土地面积较小,又想栽培多种野菜,则可利用花盆、竹筐、木箱、塑料箱等作为育苗容器,要求盆、箱高 10~15 厘米,底部能渗漏水,容器大小和体积要便于灵活移动。容器内可直接装营养土,也可摆放装好营养土的纸钵或塑料钵。为便于浇水,营养土不应装得过满,厚度达高度的八成即可,早春育苗时气候寒冷,在盆箱上可加盖玻璃或塑料薄膜增温防寒保墒,注意不要压着幼苗。白天应将盆、箱容器摆放到有阳光、较暖和处。

2. 露地苗床育苗 指在无任何覆盖物的苗床上进行育苗。露地苗床应选地势较高燥、光照较好、通风、水源方便、排水通畅、土质较好的地块。按需要作平畦,雨季可做成小高畦,畦外挖好排水沟。整地作畦,施腐熟过筛农家有机肥 6 千克/米^2,准备播种或分苗。

3. 塑料小拱棚育苗 在庭院里背风向阳地育苗,畦顺南北方向用新竹竿、竹片或旧的直径 6~8 毫米的钢筋,每隔 50 厘米插成拱圆架,架高 60~80 厘米,长、宽依畦宽和长。覆盖农用薄膜，四周要埋严埋牢，夜晚再覆盖草苫防寒保温。一般多在苗床上直接铺营养土，或摆放纸钵、塑料钵进行育苗。

4. 改良阳畦育苗　改良阳畦有较高的后墙，内部空间增大，不仅改善了温、光、湿、气等环境条件，而且管理操作也较方便。其结构大小，应视具体情况建造，最好长度大些，有利提高增温保温性能，一般后墙高80～110厘米，中柱高100～130厘米，墙厚50厘米，畦宽220～250厘米，长15米以上，东西走向，拱架南北向隔50～60厘米，上覆盖农用塑料薄膜，夜间盖草苫。

5. 靠墙拱棚育苗　在菜园选向阳背风处用砖或土坯砌墙，还可在庭院北房窗前距地面80厘米的墙壁上钉一个8厘米×10厘米的木条，然后每隔50厘米，按育苗畦宽度，南北向将竹竿或竹片一端插入土中，另一端固定在木条上，成为靠墙拱棚同样可进行育苗。其内部环境条件基本同改良阳畦。

6. 阳畦（冷床）育苗　全靠太阳光的辐射热能为热的来源，在寒冷季节进行耐寒性野菜的播种分苗。阳畦的性能虽不如改良阳畦，但建造简单，成本低。在前茬作物收后，于10月下旬前将阳畦建好。阳畦四周土框，以潮湿土垒打而成，北框高45厘米，南框高15～20厘米，四边框厚为底宽40厘米，上宽30厘米。在北框外挖沟，夹1.5～2米高风障，风障稍向南倾斜，立竹竿骨架夹绑高粱或玉米秸，也可用旧薄膜，为增强防风性能应在风障背后披稻草苫，风障底脚披土加固。阳畦上覆透明塑料薄膜，要压紧埋牢，夜间覆盖草苫防寒。

7. 电热温床育苗　寒冷季节用电热线加温使育苗床土壤温度提高，达到培育野菜秧苗的目的。可以用在温室大棚、阳畦等设施内。苗床的土壤加温，不需整个育苗期都通电加温，只需在温度达不到要求时进行加温，这样可减少成本。

电热温床的设置：挖取10～15厘米畦土，然后将畦底整平，先铺3～5厘米厚隔热层，可减少热量损失，节约用电。隔热层用碎麦秸、稻草或树叶铺平后,填一层床土,约 3 厘米厚,就可铺设电热线,由于苗床四周散热快,温度低,布线时边行线距密一些,缩小 2 厘米,中间线距要放大 2 厘米,平均线距 10 厘米,苗床两头钉小竹棍,来回放线,要拉紧放直,电热线不得弯曲、交叉、打卷、铰接、破损、截短、加长。注意安全用电,农事活动时要切断电源,电热线铺好,进行检查,试电,然后再铺育苗土,10 厘米厚,整平,浇水,即可进行育苗。

8. 火炕温床育苗　火炕温床是利用烧煤、柴草、秸秆等燃烧产生的火焰和烟气,直接烘烤苗床土来提高床土温度,进行育苗。

火炕温床是在育苗畦底层,挖上火道与炉灶相通,点燃炉灶之后,烟火经火道进入烟囱,这样,烘烤热的火道将苗畦土加热,就提高了育苗畦温。通过炉灶燃烧火大小来控制火道的温度及畦土温。

9. 遮阳棚育苗　在夏秋季节育苗为防止高温、强光、暴雨对野菜秧苗的伤害,在露地苗畦的单畦或几畦之上,立拱棚架或搭框架,先覆盖农用塑料薄膜防暴雨冲淋,再覆盖遮光降温的遮阳网、苇帘、竹帘、草帘、树枝等物,可在高温多雨季节培育秧苗。注意苗床地要选择高燥便于排灌水、通风的地块,遮阳棚两侧的薄膜要卷起 40 厘米以利通风,棚高 1 米,棚架要插在苗畦埂外。

10. 日光温室内育苗　利用防寒、保温、采光性能更好的日光温室,在寒冷季节可以生产野菜,更可以在其内作畦,进行育苗。为了更进一步增湿保温可采取:

(1) 加扣小拱棚覆盖。

(2) 室内做电热温床。

(3) 在光温室北墙角增设火炉、火管道散热,进行临时性加温。

11. 无土育苗　是以疏松透气的固体材料做基质,由各种营养元素配制成的营养液,来代替床土进行育苗的方法。所育出的苗不局限在无土栽培上,也应用到一般的土壤栽培上,效果良好。无土育苗的好处是秧苗生长快、整齐、素质好,缩短苗龄,苗壮,根系发达,减轻土传病害,克服连作障碍,省工,成本低。基质无土育苗的操作如下:在设施内地面挖深0.1米、宽1~1.2米、长5~10米的地槽,槽底要有一定的倾斜度,以便营养液流动,或者用一层砖摆放成槽,在其上铺整幅的塑料薄膜,中间铺放基质,可选用煤渣、炭化稻壳、蛭石、草灰。可单独使用或按一定比例混合使用,例1∶1的草炭、蛭石,或1∶1∶1草炭、蛭石、锯末,用配制好的营养液浇灌。床底下可铺电热线,床上可扣小拱棚。

二、育苗纸钵的制作

国内目前主要是用废旧报纸,在育苗前手工叠制而成。先将旧报纸裁成宽13~15厘米,长28~30厘米的纸条,左手持直径8厘米的塑料饮料瓶,右手把纸条卷住瓶身8~10厘米,余4~5厘米,横折成钵底,接头处可用糨糊粘牢,然后右手握瓶,左手脱下纸钵,右手放瓶后抓营养土装入纸钵。营养土不要装得过紧过满,离钵口1.5厘米,将包装土的钵密排于育苗床上,即可制成高9~10厘米、径8厘米的纸钵。

1. 育苗盘的制作　可用木板制作,一般长50厘米,宽40厘米,高12厘米。用于各种野菜的播种。

2. 塑料育苗钵　各种规格较多,常用(8~10)厘米×(8~10)厘米,还可用(6~8)厘米×(6~8)厘米。多为黑色、耐老化、圆形、软塑料育苗钵,专门有工厂生产。

第二节　种子处理

多数野菜种子的发芽期较长,不进行种子处理,播种后势必会因环境条件不一致而出苗不整齐,或出苗期过长,造成管理上的麻烦,常用的种子处理方法如下:

一、浸种

是指把野菜种子在播种前进行浸种,能使种子在短期内吸足水分,迅速萌芽,同时也可起到灭菌防病、增强种子抗性的作用。现介绍野菜种子播种前常用的 4 种浸种方法。

1. **热水浸种法** 利于杀死种子表面的病菌和虫卵。要求水温 75℃～85℃,用水量为种子的 4～5 倍,边浸边搅,待水温降至 30℃,种子充分膨胀为止。此法适合于种皮硬而厚、透水困难的种子。

2. **温水浸种法** 要求水温为 20℃～30℃,适合于种皮薄、吸水快的种子。浸至种子没有硬心为准。

3. **温汤浸种法** 此法对防止病害效果较好。要求水温和时间要准确,并且浸到足够的时间后要立即冷却。

4. **氢氧化钠浸种法** 此法能杀灭野菜种的内外大部分病毒和真菌,可有效预防野菜病毒病、炭疽病、角斑病和早疫病等。先用清水将菜种浸 4 小时,然后置于 25% 的氢氧化钠溶液里浸 15 分钟,最后用清水冲洗,晾 18 小时。

二、消毒处理

很多病害是通过种子传播的,进行种子消毒是防止病害传播的重要措施。

1. **药粉拌种消毒法** 将野菜种子和药粉混合均匀,使药粉黏附在种子表面。药用量一般为种子重量的 0.1%～0.5%。常用农药有敌克松、多菌灵、克菌丹、40% 拌种双。例如,为了防治立枯病,可用种子干重量 0.2% 的 40% 拌种双拌种。

2. **人工包衣** 对于用种量小的可采用人工直接包衣的方法。其方法如下:铁锅或大盆包衣法,先将锅或盆固定,按比例称好种子和种衣剂量倒入锅或盆内,用木锨或双手快速翻动、搓揉,拌匀后取出阴干备用。

大瓶或小铁桶包衣法,称取少量种子装入准备好的大瓶或小铁桶内,按药种比例称取种衣剂,然后边倒边快速搅拌,拌匀为止,倒出后阴干。

塑料袋包衣法,在种子量较少时,将两个大小相同的塑料袋套在一起,称取一定比例的种子和种衣剂装入袋内,扎上袋口双手快速揉搓,拌匀后倒出留做种用。

塑料薄膜包衣法,在离村庄较远的地方选一块背阴通风地,挖一个圆坑,在坑内铺放塑料薄膜,把种子和种衣剂按比例倒入坑里,进行搅拌,使种皮粘药均匀,然后取出摊放在薄膜上,3~4小时形成种衣后收起来保存备用。

三、催芽

1. 沙子催芽 用淘洗干净的河沙,经开水烫后晾成半干,与已浸泡过的种子混匀,河沙与种子的比例为(1~1.5):1,放到干净的瓦盆里(要注意不能有油),保持适宜温度。这种方法的特点是保温保湿,出芽整齐,透气性好,不会沤烂芽苗。

2. 瓦盆催芽 将浸泡过的种子晾成半干,放在清洁的瓦盆里,上盖清洁的棉布或纱布等,以保温保湿,放于火炕上催芽,每2~3个小时翻动一次,使种子均匀受热,同时每天要冲洗种子1~2次,保持一定湿度。

3. 吊袋催芽 将泡好的种子晾成半干,装入洁净的纱布袋里,吊在温室中适宜的地方,每隔2~3小时用手在袋上上下触动,轻轻翻动,使其水分和受热均匀,并能补充氧气。要注意袋子不能装满。

一般喜温野菜种子催芽温度为25℃~30℃;喜冷凉野菜催芽温度为20℃~25℃。催芽时,每天应检查1~2次,淘洗种子,清除黏液,补充水分及氧气。当大部分种子胚根露出时即可播种。

第三节 播 种

一、播种方法

(1) 根据种子数量,可采用床播或盆播。

(2) 要求苗床高燥、平坦、背风、向阳，土壤疏松肥沃，既利于排水，又有一定的蓄水能力，然后，根据种类及种子大小进行点播、条播或撒播，覆土厚度为种子直径的 2～3 倍，细小的种子可不必覆土。

二、播种后管理

(1) 播种后用木板将床面压实，使种子与土壤密切结合，以利吸收水分而发芽。

(2) 播种后上面覆盖塑料薄膜。或在苗床镇压后可覆盖稻草，以保持湿润，防止雨水冲刷。盖草后用细喷壶喷水，使整个苗床吸透水。盆播的可直接在盆面上盖玻璃。

第四节 苗床管理

野菜播种后，要创造适合种子出苗和幼苗生长发育的环境条件，使之苗壮生长，成为壮苗，苗床管理应注意如下几个方面：

一、塑料薄膜（或覆盖物）的管理

1. 密封保温阶段　从播种到出苗，为密封保温阶段。当膜内温度超过 30℃时，可在两头进行短时间的通风降温，以防幼苗徒长和发黄。

2. 通风降温阶段　幼苗十字期前后，气温增高，生长加速，晴天中午前后膜内温度可达 35℃以上，如不通风降温，则会引起幼苗徒长。开始通风时可先开启苗床两头，以后增加两侧通风孔，一般上午 9 时至下午 4 时进行通风。

二、早间苗、早定苗

为了保证出苗后幼苗良好生长，应做到小十字期间苗，4 片真叶前定苗，同时彻底清除杂草。

三、苗床补水及追肥

苗床播种前要灌足底墒水，施足底肥。若苗床底墒或底肥不足，就要进行补水和追肥，补水时用喷壶轻洒，以保持田间最大持水量70%左右为宜。追肥时用5‰的硝酸钾或复合肥水溶液轻浇。

四、炼苗

1. 揭膜炼苗　幼苗5~6片真叶后,中午开始揭膜晒苗,促根茎生长,至移栽前15天左右,逐渐过渡到昼夜揭膜炼苗,若遇阴雨天气,则需覆盖农膜,以防幼苗雨后徒长,对壮苗不利。

2. 控水炼苗　控水可改善土壤通气状况,有利于提高地温,促根系发育,抗逆力提高,移栽后成活率也高。苗床后期控水是炼苗的重要措施。

第五节　起苗定植

定植时为了保成活,做到起苗、扣膜、栽植、浇水连续作业。

一、定植时间

当野菜苗长出2~3片真叶,长度达3厘米时起苗定植。起苗时用平板锹挖苗,用手轻拿野菜苗,选壮苗定植。

二、定植后管理

(1) 栽苗　起苗后,立即进行栽苗,栽苗时,可按品种和需要而定株行距和深度。

(2) 浇水　野菜苗定植后及时用喷壶喷洒畦面秧苗,保证秧苗对水分的需求。

第三章 野菜的露地栽培

第一节 选地整地

一、选地

选向阳、地势高燥、土层深厚、疏松肥沃、排水良好、富腐殖质土壤种植。酸性大、黏性重或过沙、盐碱地、低洼积水的土壤不宜种植。

二、整地

深耕整地是提高野菜产量和质量的一项重要措施。一般在秋季前茬作物收获后进行，愈早愈好，最迟在封冻前完成。耕地的适宜深度，应根据土层厚薄、土壤性质、原来耕深等具体情况，因地制宜，灵活掌握，并做到逐年加深，秋、冬耕一般以30厘米为宜。耕后不耙，可使土壤经过冬季冰冻，质地疏松，利于接纳雨雪，既能提高肥力、增加土壤吸水力，又能消灭土壤中的病原，还能提高翌春土壤温度。春季要抓好顶凌耙地保墒。在冬、春雨雪稀少地区，秋、冬耕后必须立即进行耙地，蓄水保墒。春季，在播种前要进行浅耕，深度以12~15厘米为宜，随耕随耙，整细耙平，做成高畦或平畦，畦宽1.3米，高畦沟深25厘米左右，便于排水；平畦四周做成小土埂，以便排灌。育苗畦床与栽培畦床一样，只是要求精耕细作，适当增施苗田用肥，利于种子出苗保苗。

第二节 播种定植

一、野菜播种栽培方法

1. 种子的选择和保管 筛选出粒大饱满新鲜的种子,经自然风干(不得曝晒),然后妥善贮藏于阴凉干燥的容器内,并防虫蛀。

2. 播种温度与时间 种子发芽适温在20℃以上。北方春播应在温室进行。根据需要,可提前或分批播种。

3. 播种方法 根据种子数量,可采用床播或盆播。要求苗床高深、平坦、背风、向阳、土壤疏松肥沃,既利于排水,又有一定的蓄水能力。然后根据种类及种子大小,进行点播、条播或撒播,覆土厚度为种子直径的2～3倍,细小的种子可不必覆土。播种后,用木板将床面压实,使种子与土壤密切结合,以利吸收水分而发芽。苗床镇压后可覆盖稻草,以保持湿润,防止雨水冲刷。盖草后用细喷壶喷水,使整个苗床吸透水。盆播的可直接在盆面上盖玻璃。

4. 播种后的管理 播种后床苗要保持湿润,不要忽干忽湿,或过干过湿。盆播的每天宜将玻璃掀开数分钟,使之通风透气。种子发芽出土后,待除去覆盖物,逐步见光,适应后,才能完全暴露在阳光下。待真叶出现后,宜施农肥一次,或0.2%的尿粪溶液。幼苗过密,应即时间拔,将过密的纤弱的拔去,使留下的苗能得到充足的阳光和养料,间拔后须立即浇水,使松动的幼苗根部接触土壤。幼苗长出3～4片真叶时,即可进行移植,放大株行距。

5. 种植 应在移栽的前一天将苗床浇水,待土粒吸水涨干后不粘手时移植,一般选无风阴天或傍晚为好。

二、早间苗、匀留苗、适时定苗

齐苗后进行1～2次间苗,要求叶不搭叶;3叶时进行定苗,去杂留纯、去弱留壮,苗距保持6~9厘米,使每株幼苗都有一定的营养面和良好的通风透光条件。

早追苗肥:齐苗后结合间苗、定苗,追施稀薄粪水,保持苗床湿润,满足苗期对肥水的需求,每亩(约667平方米)用尿素4.5千克,对水400~500千克泼施,促使苗壮抽叶;移栽后5~7天追施一次,以利新根萌发,保证移栽后成活,缩短大田缓苗期。若遇秋雨连绵,要严格控制肥水。

三、矮化处理,增施硼肥

定苗时每亩用15%多效唑15克(若用25%高效唑,用量可减半),对水75千克喷雾,降低夜温以矮化敦实株形,控上促下,增强抗性。

第三节 田间管理

野菜大多数是多年生植物,在其一生中需要不断地从土壤中吸取大量的营养物质,因此,必须施足基肥,才能满足其生长发育的各个阶段对养分的需要。在生产实践中,有相当一部分野菜栽培在旱薄山坡地,生产条件较差,增施基肥显得尤为重要。基肥一般包括堆肥、厩肥、圈肥、秸秆肥和饼肥,这些肥料在土壤中缓慢分解,肥效缓和平稳,可以不断供给野菜生长所需的大量元素和微量元素。基肥用量较大,可结合秋、冬深耕整地施入。一般每亩施腐熟的优质农家肥3000~4000千克,加入过磷酸钙20~30千克或磷酸二铵8~10千克,在深翻前撒施地面,然后翻入耕层。

田间管理的好坏,直接影响野菜的产量重点抓好以下几个环节:

1. 水分供应 野菜苗生长过程中对水分的要求非常敏感,各生长期不可缺水。否则生长就会失调。供水方法一是采用喷灌;二是采用沟灌;三是对弱苗单独用喷壶浇水。

2. 叶面喷肥 为了促进野菜苗生长，可在不同生长期对野菜苗采用叶面喷肥，方法是用0.2%的磷酸二氢钾喷野菜苗，10天1~2次即可。

3. 防治病虫害 野菜苗在生长过程中，会遭受很多病虫的危害，影响产量和质量，降低经济效益，必须抓好防治才能达到丰产丰收。目前，野菜生长过程中的病害主要有霜霉病、紫斑病、疫病，使用药剂为克露500倍液、杀毒矾500倍液、百菌清500倍液。在6~7月间喷洒，10天1次。虫害有葱潜叶蝇，发现危害时用灭杀毙800倍液防治，10天1次。

4. 消灭杂草 当畦与畦之间的沟中长出杂草时及时铲除。

第四章 野菜保护地栽培技术

第一节 保护地栽培的设施

一、日光温室的建造

在日光温室的建造中,日光温室的设计具有举足轻重的作用。合理的设计是日光温室建造的重要技术依据,只有合理的设计,才能建造出理想、经济适用的日光温室,而日光温室的建造施工是体现日光温室设计的重要手段。只有按照日光温室的设计要求进行施工,才能建造出比较理想的日光温室。因此,我们必须把握住日光温室的设计和施工这两个重要环节。

日光温室的土建主要是后墙基础、两侧山墙基础、后墙和两侧山墙的建造。日光温室的基础是直接分布在建筑物下面承受压力的土层。基地的选择和基础的合理处置,对日光温室使用寿命的长短和安全有着重要的意义。特别是冬季比较寒冷的北方地区所建造的凹入地下的日光温室,由于日光温室内外地表面高度不一致,室内外的横向压力不同,基础的设计显得更为重要。

(一) 基础的深度与厚度

日光温室基础的具体深度应根据不同地区、不同的气候条件,参照土木建筑工程学进行合理确定。一般情况下,日光温室基础的深度取决于当地冬季冻土层的深度。日光温室基础的深度为冻土层深度加 50~60 厘米。这样就可以防止因冬季基土冻结向上膨胀凸起和春季解冻下沉而影响日光温室的使用寿命。日光温室基础的厚度一般为日光温室墙壁厚度的 1 倍。例如在北纬45°以北的地区,冬季冻土层深度在 1.2~1.7 米,日光温室基础的深度应该在1.8～2.3米,日光温室基础厚度在0.74～1.00米(图4—1)。

对于不同的地区,可以因地而异,采取就地取材的办法来建造日光温室的基础。例如,日光温室的基础可以采用水沉沙子的方法,这种方法简单、经济、实用。具体方法是在挖好的基础沟里分批适量填入沙子,再依次向基础沟内的沙子中注入适量的水,在水的作用下使沙子沉实。经过几次沉实好的沙子上砌日光温室的主墙体了。在经济不发达地区,建造简易日光温室时,一般采用叉土墙、拉合辫墙、土坯墙、草堡(搭头)墙等方法来建造日光温室墙体。这种简易日光温室一般不用建造基础,但是在建造墙体之前,必须用夯将建造墙体下面地表面夯实、铲平后方可建造日光温室的墙体。

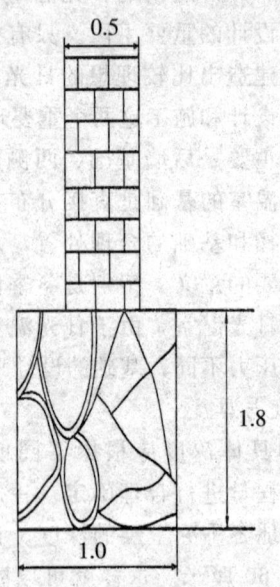

图4—1 日光温室墙体断面(单位:米)

(二)日光温室墙体建造

日光温室的墙壁起着承重和维护作用。由于日光温室的墙壁是承重结构墙壁,墙壁必须有足够的强度,用以抵抗作用在其上面的荷载,以保证日光温室不被破坏;同时又必须有坚固的稳定性能,以保证在受外界各种力的作用下,日光温室不倾斜、不倒塌。又由于日光温室是采用主后墙和两侧半山墙结构,在承受压力时,压力偏向主后墙,所以,在建造日光温室主后墙墙体和两侧山墙墙体时,所使用的砂浆标号必须适当地提高,以保证日光温室墙体有足够的强度。

1. 普通砖墙 日光温室的主后墙和两侧山墙使用普通砖砌筑时,墙体的厚度可根据当地气温来决定,一般厚度应在0.24～1米。在气温较高的南方地区,日光温室的墙体厚度可以采用24厘米厚的砖墙;在气温较低的北方地区,日光温室的墙体厚度应该适当增加,以提高日光温室的保温性能,一般采用50厘米厚的砖墙来砌筑日光温室的墙体;在北方特别寒冷的地区,日光温室的墙体厚度可以增加到100厘米厚。普通砖砌筑的砖墙,在砌筑后,应该在墙体内外表面使用水泥砂浆勾缝或用水泥沙浆抹平,还可以根据不同作物对光的不同要求来建造成不同颜色的内部墙体,以适应作物的生长。例如,种植喜欢强光的作物时,内部墙体可以建造成白颜色的墙面;对于不喜欢强光的作物,可以将内部墙体建造成浅黄色、浅蓝色等,以减少墙面的反射光。此外,为了提高吸热面积和蓄热面积,墙体内侧可以建成蜂窝状。

2. 空心墙 在北纬45°以北的地区,为了提高日光温室墙体的保温性能,日光温室的墙体可以砌成空心墙。空心墙的砌筑方法是:首先砌筑日光温室墙体的外表部分,其厚度是24厘米或37厘米,墙体中间部分留12厘米的空隙,墙体内部再砌筑12厘米的砖墙。砌筑这种墙体时,要将日光温室墙体的总长度分成几段来砌筑,每段分界位置砌筑一实体墙,也称为砖柱,以增加日光温室墙体的整体强度。为了使日光温室内墙壁和外墙壁连接牢固,在砌筑墙体时,水平方向每隔1米左右在内、外两墙壁之间加砌几块连接砖,垂直方向每隔4～5层再砌一块连接砖。这种墙的砌筑方法与普通的火墙（取暖用）砌筑方法相似，只是在整体强度上高于火墙。为了进一步增加空心墙的保温性能，在两层墙体中间的空心部位，可以填充各种保温、绝热材料，例如，珍珠岩、木屑、炉渣、稻壳等材料。空心砖墙的砌筑断面见图4-2所示。值得注意的是，一定要保证填充材料的干燥。例如，充填木屑时，可以混拌加入部分石灰，以防治虫害。

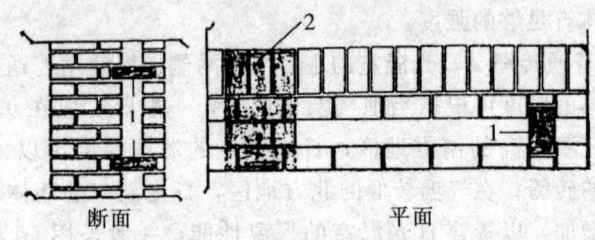

断面　　　　　　　　平面

图4-2　厚空心砖墙砌筑
1. 连接砖　2. 砖柱

3. 空心砖墙　空心砖墙使用空心砖来砌筑日光温室墙体，其建造材料成本较高，适合经济发达地区。空心砖墙的砌筑方法与砌筑普通砖墙基本相同。空心砖砌筑的日光温室墙体内有空隙，空隙内充满了空气，而空气是不良导体，因此，采用空心砖砌筑的同样厚度的日光温室墙体的保温性能比实心墙好。由于空心砖墙保温性能好，所以，一般砌筑空心砖墙体的厚度为37厘米或50厘米，墙体后部培土1.0～1.2米厚，以增强墙体的保温性能。

4. 土墙　利用自然土建造日光温室的墙体有许多优点，主要是经济适用、建造成本低、原料丰富。用土建造的日光温室墙体的保温性能较普通砖墙、空心墙、空心砖墙都好。缺点是使用寿命较砖墙短，须要经常维护。土墙的建造方法很多，下面介绍几种土墙的建造方法。

（1）拉合辫墙　这种墙体在我国北方农村的房屋建造中曾经得到广泛利用。这种墙体的建造材料是黄黏土和稻草或谷草。首先用夯将墙体基础夯实铲平，为了增加日光温室的使用年限，可以用砖或石头砌筑30~50厘米高度的基础，在基础上做防潮处理，以防止墙体受潮变粉。再在建造日光温室的附近挖一个1米×2米×0.3米深的坑，或者使用木板围成一个泥浆池。在泥浆池内加入适量的黄黏土和水，搅拌成糊状泥浆，把谷草或稻草编成辫状，草辫的粗细一般在5~8厘米，把草辫均匀粘上泥浆，分别从墙壁两端把粘有泥浆的草辫一个压一个、一辫一辫，逐次编排整齐，中间的空隙再用黄土填满并压实。待拉合辫墙体风干后，在墙体内外表面使用黄黏土加短麦秸合成的泥将墙体抹平。

（2）土坯墙　土坯是我国北方农村在早期房屋建造中，使用较为普遍的一种建筑材料。它是由黄黏土加短麦秸用水搅拌成较干的泥状后，使用模具将其加工成比普通砖大3~4倍的长方体，风干后比较坚硬。使用土坯建造日光温室的墙体时，日光温室的墙体必须具有用砖或石头砌筑的基础，而且基础要高出温室地表面30~50厘米，在基础上必须做防潮处理，以防止土坯受潮变粉，而影响日光温室的使用寿命。在砌筑土坯墙体时，用黄泥坐满口胶泥砌干土坯。待土坯墙体风干后，使用黄黏土加短麦秸用水搅拌的泥抹平土坯墙体。

（3）草堡墙　草堡也称为塔头，草堡是使用堡锹在荒草甸子切割取回使用的一种类似于土坯的长方体，其砌筑方法与砌筑土坯墙的方法相同。

（4）夹板墙　这种墙体也叫干打垒。这种土墙在我国大庆石油大会战期间，石油工人们广泛利用这种墙体建造简易住房。同样，也可以使用这种方法来建造简易日光温室。

具体建造方法是在所要建造墙体的位置两侧固定木板，在内木板之间填入土和杂草混合且有一定湿度的泥土，将混合泥土夯实，拆下木板，就形成了板夹建造墙体。

（5）叉土墙　这种墙体类似于干打垒，只不过在建筑时两侧不使用木板做夹层，而是用土和长短不一的麦秸或杂草加少许水，混合成有一定湿度的泥土，再用四股叉一层一层地向上垛混合泥土，一边垛一边拍实。这种垒墙方法和干打垒现在一般不使用。

5. 石墙　石墙在我国山区用于建造居民住房较为普遍。使用石头建造日光温室的墙体，墙体的厚度一般大于 40 厘米，砌筑时应该使用较高号的水泥砂浆，并且在砌筑后，在日光温室的内部和外部分别用水泥沙浆抹缝。石墙日光温室的缺点是承压能力较砖墙差，散热系数较大。

（三）日光温室墙体材料的保温性能

日光温室墙体建造材料多种多样，各地区可根据实际情况，尽可能地选取保温、蓄热性能好，承重强度大，经济实用的建造材料来建造日光温室墙体，实现以最少的经济投入，取得最高的经济效益。日光温室的墙体一方面起支撑作用，另一方面起保温蓄热作用。因此，在设计、建造日光温室墙体时，不但要考虑日光温室墙体的支撑作用，选取有较大支撑力的材料来建造日光温室墙体，而且还应该尽可能地选取保温和蓄热能力较强的材料，来建造日光温室的墙体。但是在实际应用当中，我们发现，保温性能好的建造材料，其蓄热能力差；蓄热性能好的建造材料，其保温能力差。要想使日光温室的墙体实现既保温，又蓄热，在设计、建造日光温室时，采取日光温室内部使用蓄热性能好，外部使用保温性能好的建造材料，设计、建造成一种复合墙体，使日光温室的墙体达到既保温，又蓄热的目的。

（四）日光温室后坡的建造与建材

日光温室的后坡不仅起支撑作用，还起着保温蓄热作用。因此，日光温室后坡的建造，是日光温室建造中的一个比较重要的部分。为了建造出一个既具有较强支撑作用，又能减轻墙体压力，既保温，又蓄热的日光温室后坡，最好选用重量轻，支撑强度大，保温、蓄热性能好的建造材料来建造日光温室的后坡。日光温室后坡的建造方法和建造材料如下：

1. 木板加草垫　这种形式是在日光温室内侧采用 2~3 厘米

厚的木板做支撑，在木板上面加盖油毡纸或厚塑料膜后，盖一层 5～6 厘米厚的稻草垫，再在稻草垫上加 20～30 厘米的炉渣，最后用 5 厘米左右厚的水泥或草泥封顶抹平。

2. 玉米或高粱秸秆　这种形式的日光温室后坡是使用玉米或高粱秸秆做支撑。首先在日光温室内侧铺 10 厘米厚的玉米或高粱秸秆，再加 10 厘米厚的碎草或稻壳，加完碎草或稻壳后，再铺 10 厘米厚的玉米或高粱秸秆，最后用 5 厘米厚的草泥抹平。这种形式的后坡经济实用，但耐用性差。

3. 钢筋混凝土预制板　使用钢筋混凝土预制板做日光温室后坡支撑板，钢筋混凝土预制版的厚度一般在 5～10 厘米。预制板外部加盖油毡纸或厚塑料膜，再加炉渣或珍珠岩，其厚度在 10 厘米左右，之后使用水泥或草泥在其上部抹平，或在油毡纸和厚塑料膜上加 20～40 厘米厚的田土，再用草泥抹平，加盖 20 厘米左右的稻草。

4. 木板加苯板　这种形式是在日光温室内侧采用 2～3 厘米厚的木板做支撑，在木板上面加盖油毡纸或厚塑料膜后，加一层 5～6 厘米厚的苯板，再在苯板上加 10～20 厘米的珍珠岩和炉渣，然后加盖铁丝网，用水泥抹平，加盖油毡，最后用防水卷材做防水处理。

（五）日光温室的骨架及建材

日光温室骨架的设计和建造，在日光温室设计和建造中是非常重要的。日光温室骨架的主要作用是支撑日光温室覆盖物的压力，同时也承受自然界所造成的外界压力，即雪载和风载。另一方面，日光温室骨架截面积的大小，对日光温室内部的光照有一定的影响。因此，日光温室骨架的设计和建造是否合理，首先，直接影响日光温室的使用寿命；其次，直接影响日光温室内部的光照性能。如果日光温室骨架截面积过大，骨架数量过多，在日光温室内部产生过多的遮阳面，被遮光的作物生长缓慢，在日光温室内部的作物就会形成条带状生长发育良好和条带状生长发育

不良的现象。所以,在日光温室骨架设计时,应该遵守以下原则:

首先,日光温室骨架必须有足够的强度,用以支撑覆盖物的压力以及承受自然界的风载和雪载。

其次,日光温室的骨架结构应该简单、耐用,在不影响强度的前提下,尽可能地减小骨架截面,以减少由于遮光而造成的作物生长发育不均匀现象。

下面介绍日光温室比较常用的几种骨架结构和所用材料立柱、柁木、檩木、拱杆和横梁。这种结构的缺点是:由于立柱多,作业不方便,而且遮光严重。如果建造一座跨度为6米,长为33米的竹木结构日光温室,在一般情况下,日光温室内纵向每间隔3米立一根立柱,横向设立立柱、柁木、檩木、拱杆和横梁。立柱顶部分别放柁和横梁。这些立柱和后墙构成日光温室屋面的主要支撑。使用3~5厘米宽的竹片做日光温室的拱杆,在日光温室的前屋面棟木上每隔60~80厘米安装1根竹片,做日光温室的拱杆。

1. 双弦桁架结构　这种日光温室的骨架是采用钢管和钢筋焊合成双弦桁架形式。骨架的上弦采用直径14毫米或20毫米厚壁钢管,骨架的下弦采用直径为10~12毫米圆钢,桁架的拉筋采用直径为8~10毫米的圆钢。辽宁省鞍山市园艺研究所设计的鞍Ⅱ型、鞍Ⅲ型无柱拱圆结构日光温室,就是采用这种结构做日光温室的骨架。这种结构的日光温室采光、保温性能良好。由于日光温室内部没有立柱,不存在立柱对作物的遮光而影响作物生长发育的情况,而且还有利于人工作业。这种结构的日光温室使用寿命长,是建造成本偏高。

2. 套管、卡具组装形式　这是一种使用镀锌无缝钢管做日光温室骨架,采用套管和卡槽将其组装成一体的结构。首先,将直径为14毫米的薄镀锌无缝钢管按设计要求弯成拱圆形做骨架的拱杆,用直径为14毫米的薄镀锌直管做骨架的纵向拉杆。弯形拱杆中间最好无接头，以提高其强度。纵向拉杆的连接采用套管和开口销连接，然后用专用卡具将弯形拱杆与纵向拉杆固定夹紧。北京市农业机械化研究所设计制造的"2SYO－1900型"野菜工厂化育苗日光温室，就是采用这种骨架形式。这种结构的日光温室内部无柱，有利于人工作业。

3. 竹木结构　由于这种结构所用材料的成本低于钢结构材料，所以，在我国大多数地区的中小型温室均采用竹木结构。用竹木材料做日光温室的骨架所需材料有：圆木立柱、柁木、檩木、拱杆和横梁。这种结构的缺点是：立柱多，作业不方便，而且遮光严重。如果建造一座跨度为6米，长为33米的竹木结构日光温室，在一般情况下日光温室内纵向每隔3米立一根立柱，横向设立3排立柱，分别为前柱、中柱和腰柱。立柱顶部分别放柁和横梁。这些立柱和后墙构成日光温室屋面的主要支撑。使用3～5厘米宽的竹片做日光温室的拱杆，在日光温室的前屋面檩木上每间隔60～80厘米安装1根竹片，做日光温室的拱杆。

二、塑料大棚的建造

首先，应该根据各地区的实际情况，本着就地取材、经济实用、管理方便的原则，以尽可能获取最大利润的原则来建造。其次，还应该考虑塑料大棚的建造高度、宽度、长度，以及塑料大棚的坚固性和保温性。如果大棚过高，容易被大风刮倒，保温性能也差。因此，塑料大棚的合理设计、合理建造，是保证塑料大棚获得高产、稳产的一个重要因素。通常在设计、建造塑料大棚时，其设计高度不超过3米，一般为2.0～2.8米；塑料大棚的设计宽度不超过12米，一般为8～10米。塑料大棚的长度可根据田地、庭院的大小而定，但一般情况下塑料大棚的长度不超过60米。如果塑料大棚的长度太长，棚内两头温差大，运输管理也不方便。在塑料大棚设计、建造中，比较重要的问题是如何确定两排拱架之间的距离。如果两排拱架之间的距离过大，明显降低塑料大棚的抗风载、抗雪载能力，如果两排拱架之间的距离过小，虽然棚膜容易拉紧，可以提高塑料大棚的抗风载、抗雪载能力，但由于竹木结构的塑料大棚，内部的立柱过多，增加了大棚内部的遮光面积，也不便于人工作业；对于钢结构的塑料大棚，钢材用量增加，增加了大棚的建造成本。尽管塑料薄膜虽有一定的拉伸性能，但将塑料薄膜拉得过紧或者过松，都会降低塑料薄膜的使用寿命。因此，塑料大棚的拱架之间要有适当的距离，以保证塑料大棚的建造用材料最少，大棚内遮光面积最小，塑料薄膜使用寿命最长，大棚内部作物生长和人工作业空间最大，经济效益最好。根据多年的实践证明，竹木结构塑料大棚拱架之间的距离以1米宽为宜；钢筋桁架结构塑料大棚拱架之间的距离以1.2米宽为宜。单管架塑料大棚由于没有下弦，其强度较小，所以其拱管之间的距离以60厘米宽为宜。

三、棚室的建造与施工

（一）温室的建造施工

我国幅员辽阔，各地区的地理、气候条件相差很大，日光温室栽培的目的、栽培的种类、栽培的方式各不相同，各地区的经济发展速度也有很大差异。有些边远地区、山区的经济发展速度很慢，远远落后于经济发展速度快的沿海开放地区。因此，应该充分考虑当地的经济条件，因地而异，设计建造出适合当地各项条件的日光温室，以最少的经济投入，获取最高的经济效益。

1. 半拱圆钢骨架砖混结构日光温室　钢骨架砖混结构日光温室，是使用镀锌圆钢和镀锌薄壁圆钢管制作成桁架作为温室骨架，或用镀锌钢窗材料来制作温室骨架，普通红砖或者空心砖和砂浆来砌制日光温室的墙体，钢筋混凝土预制板做日光温室后坡面板。这种结构的日光温室建造成本较高，但由于无支柱，采光性能好，坚固耐用，适宜在大中城市郊区以及经济条件好的小城镇郊区建造。

建造半拱圆形钢骨架砖混结构日光温室时，应根据日光温室的生产要求，首先进行图纸设计。图纸的设计应根据日光温室的设计计算理论和日光温室的造型设计理论来设计。需要确定下列参数：日光温室的方位角、跨度、高度、凹入地下深度、前坡面角度、后坡面角度、墙体厚度、后坡厚度以及防寒沟的宽度和深度。图4-3是一栋适用于长春市郊区的日光温室平面图，其建筑面积为413.82平方米，内部使用面积为341.17平方米（半亩多地），工作间使用面积为10.54平方米。

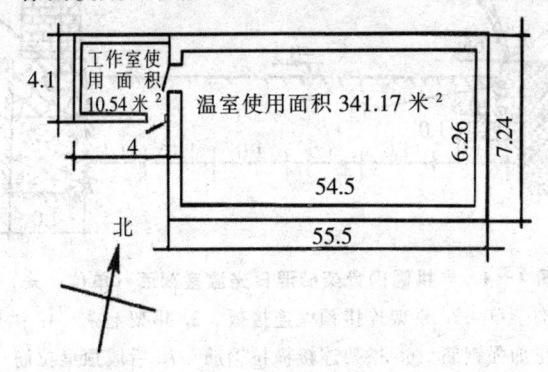

图4-3 日光温室平面图（单位：米）

该日光温室的建造方位角是南偏西6°，温室内部跨度6.26米，温室内部长度54.5米，脊高3米，温室内部凹入地下深度为0.3米，后墙主墙采用厚度为0.74米的厚空心砖墙砌筑，高度为2.36米，后墙辅助墙采用0.37米厚的砖墙砌筑，高度为0.44米（距±0点为2.36米），两侧山墙采用0.5米厚的砖墙砌筑，前基础墙采用0.37米厚的砖墙砌筑，砌筑高度为0.8米（距±0点）。日光温室支撑骨架采用圆钢和圆钢管焊合成半拱圆形桁架，最佳时段角与地面的水平夹角为：底角65、下段为40、中段为30、上段为15；后坡面角为35，水平投影长度取1.1米，经计算，后坡理论长度为1.34米。该日光温室的剖面图为图4-4所示。

具体施工方法与步骤：

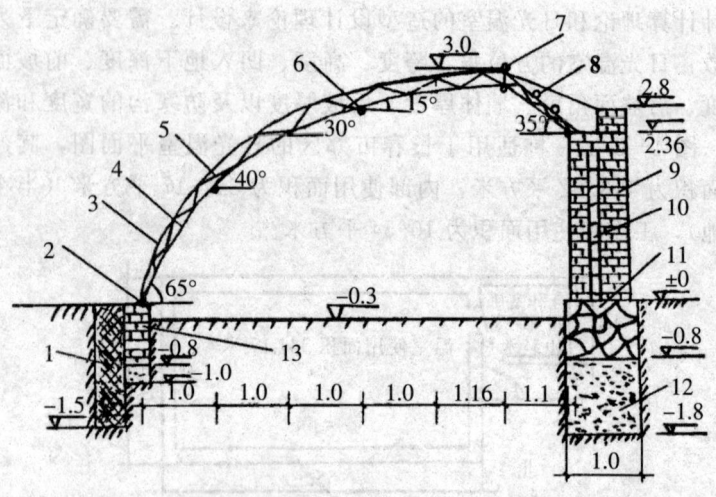

图4-4 半拱圆钢骨架砖混日光温室剖面（单位：米）
1. 防寒沟杂草 2. 拱架连接预埋连接板 3. 拱架上弦 4. 拱架下弦
5. 拱架拉花加强钢筋 6. 拱架连接横拉钢筋 7. 后坡顶梁拉筋 8. 后坡防寒材料 9. 后墙 10. 珍珠岩 11. 石头 12. 粗沙 13. 前基础墙

（1）场地定位及平地放线 场地定位和平地放线是建筑施工的第一个步骤。场地定位就是依据设计图先将场内道路和边界方向位置定下来。

道路和边线定位的方法：首先用罗盘仪测出磁子午线，然后再根据当地磁偏角调正并测出真子午线，再测出垂直道路的东西方向线（即东西道路的方向线）。没有仪器可用立杆法测出真子午线。即在要修建道路的地方立一垂直于地面的木杆，于10~14时每10分钟测一次木杆的影长和位置，其中木杆最短的阴影线便是当地的真子午线。再用"勾股弦"法作真子午线的垂直线，便是正东西方向线。所谓"勾股弦"法就是应用勾股弦定理作垂线。具体方法是用米尺或测绳，由0开始，3米为一段；7米为一段；12米为一段。将测绳3米段与子午线重合，并将3米处固定，然后一人拿着测绳捏住7米处向东走，另一人捏住12米处向西南走使 12 米处与 0 处重合，便围成直角三角形，作 4 米边的延长线，便是真子午线的垂直线（图 4-5）。如果温室偏东 10°，道路也要偏东 10°，可用三角函数计算测出道路偏东 10°的方向线。即先在真子午线上由测点向南量出 10 米长的线段，然后在 10 米处按对边长＝测线长×正切 10°值的公式算出对边长为 1.76 米，再用"勾股弦"法由 10 米处向东作子午线的垂线，并量出 1.76 米长的线段，最后将 1.76 米处与测点连线，这条线便是偏东 10°道路和方向线，再用"勾股弦"法作偏东 10°线的垂线，便是东西路的方向线（图 4-6）。

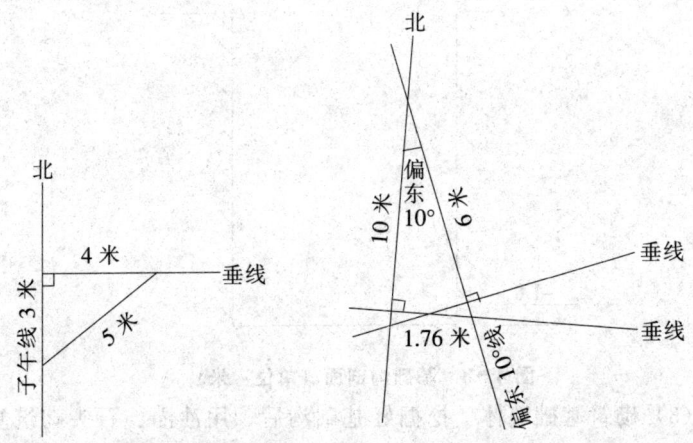

图 4-5 用勾股弦法作子午垂线　　图 4-6 用三角函数求出偏东 10°线位置

（2）挖掘地基基础沟　　按照居民住宅建筑方法，根据日光温室场地选择原则，选出适合建造日光温室的场地，画线，挖掘地基基础沟。基础沟按图 4-7 方法挖。

温室后墙、两侧山墙、工作室墙体基础深度为 1.8 米，温室前墙基础墙体深度为 1 米，后墙基础宽度为 1.2 米，两侧山墙基础宽度、工作室基础宽度和前基础宽度为 0.8 米，见图 4-8 所示。

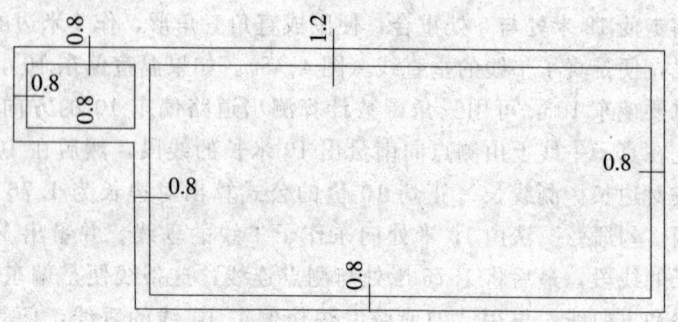

图 4—7 基础沟平面（单位：米）

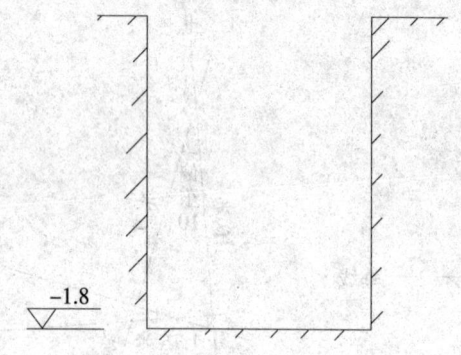

图 4—8 基础沟剖面（单位：米）

（3）砌筑基础墙体 挖掘好基础沟后，用沙灌、石头砌筑基础墙体。首先将 100 立方米粗沙子灌入 0.8 米宽、1.8 米深的基础沟内并整平。向基础沟内注入适量水，使水浸没粗沙，经过 2 天的沉实后，在粗沙基础上砌筑石头，石头用量为 65 立方米，砂浆用量为 4 立方米（水泥∶沙子＝1∶3，即 1 吨水泥，3 立方米沙子，以下只标砂浆比例）。温室后墙基础石头砌筑高度为 1 米，两侧山墙基础石头砌筑宽度为 0.8 米，工作室基础石头砌筑高度为 0.5 米，前基础墙采用普通红砖砌筑。在砌筑前基础墙的同时，将前基础墙与半拱圆形镀锌圆钢拱架连接的预埋件，每间隔 0.8 米砌筑 1 个预埋件，预埋件数量为 68 件。预埋件结构如图 4—9 所示，砌筑后墙时，还需要 68 件，共 136 件。

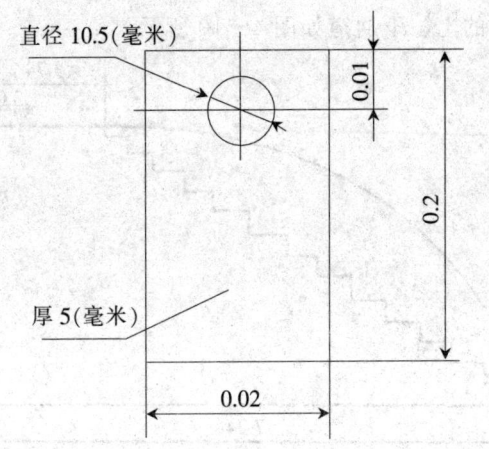

图 4-9 预埋件（件数：136 件，单位：米）

前基础墙所用红砖数量为 8125 块，砂浆用量为 0.2 立方米（1∶3）。在砌筑后墙、两侧山墙、工作室墙体前，在石头地基基础上做防潮处理。具体方法是在石头基础上两毡两油后，再砌筑日光温室的后墙、两侧山墙和工作室墙体。

(4) 后墙砌筑 后墙体的砌筑方法可参照图 4-2 所示，在日光温室的外墙砌筑 0.37 米厚的普通红砖墙，在日光温室里侧砌筑 0.24 米厚的普通红砖墙，日光温室里墙和外墙中间夹空距离为 0.12 米，在 0.12 米的空隙中加入保温材料珍珠岩。其中，砌筑里、外墙体所用红砖数量为 37 000 块，砂浆用量为 8.86 立方米（1∶3），珍珠岩用量为 15 立方米。当后墙体砌筑高度为 2.36 立方米时，将预埋件埋入墙体中，每间隔 0.8 米埋入 1 件，预埋件数量为 68 件。

(5) 两侧山墙砌筑 两侧山墙砌筑成 0.5 米厚的普通红砖墙，墙体上端砌筑成与半拱圆形钢架形状一致的半拱圆形。两侧山墙所用普通红砖数量为 5240 块，砂浆用量为 1.75 立方米（1∶3）。在砌筑日光温室右侧山墙体的同时（没有工作室一侧），利用日光温室的山墙体，砌筑一条上日光温室棚顶的阶梯通道。日光温室棚顶的上、下通道如图4-10所示。

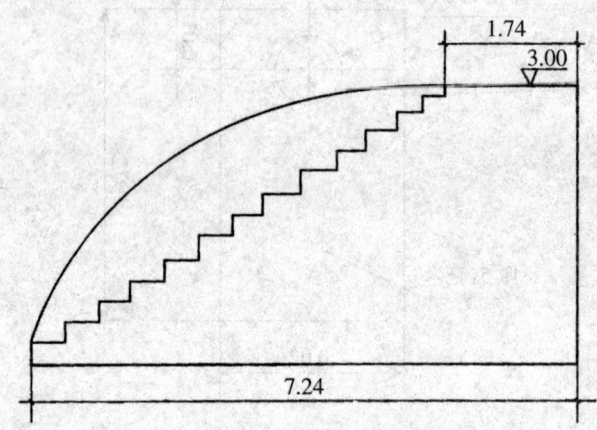

图4-10　半拱圆钢骨架砖混结构日光温室侧山墙阶梯（单位：米）

（6）砌筑工作室

只需砌筑三面墙体，另一面墙体借助于日光温室右侧墙体。砌筑日光温室工作室（图4-11）所用普通红砖数量为5600块，砂浆用量为2立方米（1∶3）。当工作室墙体砌筑到2.4米高时，工作间加盖棚顶。工作间棚

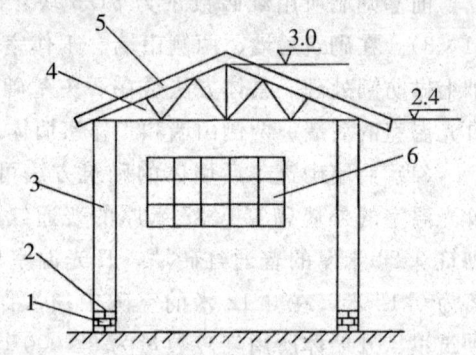

图4-11　日光温室工作间侧剖面（单位：米）
1．砖基础墙　2．油毡纸　3．土坯墙
4．人字梁　5．房顶覆盖材料　6．窗

顶要用钢筋混凝土预制板，钢筋混凝土预制板的规格为2.5×0.6×0.12（米），使用的数量为6块。加盖预制板后，砌制高度为0.4米的女儿墙，将预制板间的缝隙用砂浆密封。密封后在预制板上加0.25米厚的珍珠岩保温，珍珠岩上加0.1米厚的炉渣，炉渣上面用0.02米厚的水泥砂浆抹成有一定厚度的面，再用三

毡四油做防水处理。

在砌筑所有墙体后,将日光温室的里、外墙体用0.02米厚的水泥砂浆抹平,砂浆用量为8立方米(1∶3)。

(7)后坡预制板　后坡预制板可以定做,也可以自己倒制,规格为0.8米×1.27米×0.05米。自己制的预制板所用混凝土为250号,所用水泥标号为400号,配合比例为:水泥∶沙子∶石子＝0.379∶0.630∶1.338,该温室用预制板数量为69块。

(8)镀锌圆钢半拱圆桁架　半拱圆拱架结构:拱架(图4-12)上弦采用直径为20毫米镀锌管,长度为8.1米,数量为68根,重量大约132千克。拱架下弦采用直径为12毫米的圆钢,长度为7.8米,数量为68根,重量大约为472千克。拱架连接横拉钢筋采用直径为10毫米的圆钢,长度为55米,数量为5根,重量大约170千克。拱架拉花加强筋采用直径为10毫米的圆钢,长度为12米,数量68根,焊接时弯成斜拉花支撑,重量大约503千克。后坡顶梁拉筋采用直径为14毫米的圆钢,长度为55米,数量为3根,重量大约213千克。

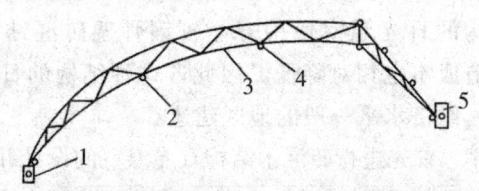

图4-12　半拱圆桁架
1.连接板　2.横梁　3.桁架　4.横梁　5.连拦板

(9)后坡安装建造　半拱圆桁架与前基础墙和后墙体的连接是采用螺栓连接的。连接螺栓规格10米×25米,数量为134个,螺母规格M10,数量为134个。半圆拱架安装后安装预制板,在预制板上面加20厘米厚的珍珠岩,珍珠岩用量为14立方米。珍珠岩上面加5厘米厚的炉渣,炉渣用量为3.5立方米。炉渣上面抹2厘米厚的水泥砂浆,水泥砂浆用量为1.4立方米(1∶3)。水泥砂浆上加盖一层塑料薄膜，塑料薄膜上加30厘米厚的稻草保温。

（10）日光温室的通风　日光温室的通风口有两种形式，一种是在后墙开通风口，另一种是在后坡面上开通风口，可根据用户要求，设计、建造通风口以及是否安装取暖设备。

（11）日光温室的棚膜安装　塑料薄膜的规格不一，可以采用烙合方法连接，使其规格大小符合半拱棚面需求。该栋温室所需塑料薄膜规格为56.5米×8.5米。覆盖棚膜后，用压膜线将棚膜压紧。压膜线可以使用直径为2毫米的镀锌低碳钢丝，钢丝两端分别固定在前基础墙和后坡面上，使用钢丝总长度为350米。

（12）挖防寒沟　防寒沟设在温室南侧，挖一条宽30～40厘米、深度不小于当地冻土层厚度、略长于温室长度的沟，在沟中填充马粪、稻壳、麦糠或碎秸秆等，踩实再盖土封严，盖土厚15厘米以上，如果盖土不严或土层过薄均会影响防寒效果。

2.砖混木结构日光温室　是使用普通红砖、混凝土、石头砌筑日光温室基础和墙体，使用木材作为日光温室主框架的立窗式日光温室。

这种结构的日光温室使用寿命较钢骨架砖混结构日光温室短，但其建造成本也相对降低。因此，这种结构的日光温室适宜在城镇郊区、经济水平一般的地区建造。

根据程序，首先进行砖混木结构日光温室的设计并按照设计图纸进行施工。根据不同的地区，确定日光温室的下列设计参数：日光温室的方位角、跨度、高度、凹入地下深度、前坡面角度、前立窗角度、后坡面角度、墙体厚度、后坡厚度以及防寒沟的宽度和深度。图4-13是一座适用于长春远郊地区及其城镇郊区的日光温室的剖面图，其建筑面积为413.82平方米，日光温室内部使用面积为341.17平方米，工作间使用面积为10.54平方米。

该日光温室的建造方位角是朝南偏西5°～7°（根据不同的地理位置，设计者自己确定，如果在长春市郊区，该角度为6°），日光温室内部跨度为6.26米，温室内部长度为54.5米，日光温室脊高3米，后墙体采用厚度为0.74米的厚空心砖墙砌筑,其高度为2.36米,两侧山墙采用0.5米厚的砖墙砌筑,前基础墙采用0.37米厚的砖墙砌筑,砌筑深度为0.5米,工作室采用0.37米厚的砖墙砌筑,其建筑高度为2.4米。日光温室的支撑骨架为各种规格木材,前立窗角度为65°,前坡面角为35°(适用于长春市郊区),后坡面角度35°。

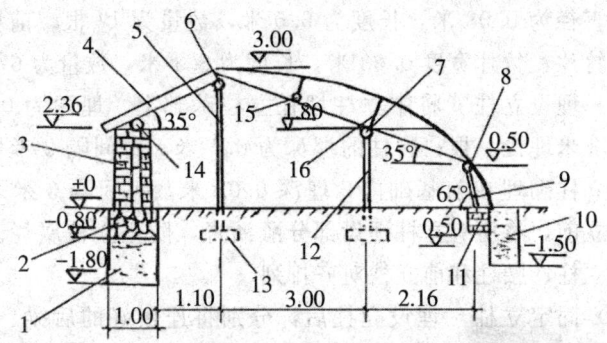

图4－13 砖混木结构日光温室剖面图(单位:米)
1. 粗沙 2. 石头 3. 后墙 4. 后坡板 5. 中立柱 6. 中梁
7. 腰梁 8. 前梁 9. 前立柱 10. 防寒杂草 11. 前基础
12. 腰柱 13. 柱基础 14. 后梁 15. 支撑梁 16. 小吊柱

砖混木结构日光温室的很多建造项目与半拱圆钢骨架砖混结构日光温室相同。其中,日光温室基础沟的挖掘、基础的砌筑、后墙体的砌筑、两侧山墙的砌筑、前基础墙的砌筑、工作室的建造以及防寒沟的建造基本相同,这里不再重述,下面主要阐述一下砖混木结构日光温室的骨架建造方法与步骤。

(1)砖混木结构日光温室骨架建造 砖混木结构日光温室中立柱采用直径为0.1米的圆木,中立柱的长度为3.5米,数量为17根;腰柱的直径为0.06米,长度为2.3米,数量为17根;前立柱直径为0.06米,长度为0.7米,数量为17根。后坡面采用木板,木板长度为1.5米,宽度为0.20米,数量为280块(宽度不一致时,可以采用拼合方法,拼合总长度为55米),木板厚度为0.02米。后梁和中梁采用圆木,圆木的直径为0.1米,后梁和中梁的连接总长度是 55 米，梁的连接方法是采用错位搭接外侧加 2 块加强固定板。腰梁和支撑梁采用圆木，圆木的直径为 0.08 米，总长度分别为 55 米，连接方法与后梁、中梁连接方法相同。前梁采用直径为 0.06 米的圆木，总长度为 55 米，连接方法与后梁、中梁的连接方法相同。日光温室前坡面檩木采用圆木杆，圆木杆的直径为 0.08 米，长度为 6.5 米，数量为 17 根。前坡面拱杆采用竹片，竹片宽度 0.03 米，长度为 8.1 米，数量为 67 根。

（2）埋设立柱　将中立柱埋在立柱基础上，埋深为 0.5 米，每间隔 3 米埋设一根；腰柱的埋深为 0.5 米，每间隔 3 米埋设一根；前立柱砌埋在前基础内，埋深 0.02 米，每间隔 3 米埋设一根。埋立前，将所有立柱埋设部分蘸沥青，防止立柱腐烂。埋设时将中立柱、腰柱和前立柱对齐排列。

（3）固定立柱　埋设立柱后，分别将连接好的后梁、中梁、腰梁和前梁固定在各个立柱上和后墙上。

（4）覆盖后坡面板　将后坡面板紧密地盖在中梁和后梁上，使用圆钉将后坡面板分别固定在后梁和中梁上。

（5）固定檩木　将准备好的檩木使用圆钉固定正中梁、腰梁和前梁上，每间隔 3 米固定 1 根。

（6）固定支撑梁　固定檩木后，将支撑梁固定在檩木上。小吊柱采用直径 0.06 米的圆木杆，长度分别为 0.3 米和 0.2 米，数量各 67 个。将长 0.2 米的小吊柱每间隔 0.8 米，固定在支撑梁上 1 个；将 0.3 米的小吊柱每间隔 0.8 米，与 0.2 米长的小吊柱对齐，固定在腰梁上。

（7）固定竹片　所有的梁柱都固定好后，将竹片的上端固定在中梁上，然后在 0.2 米、0.3 米长的小吊柱上端分别固定，再在前梁上固定，最后将竹片的另一端插入土中。

（8）覆盖薄膜　采用烙合方法将棚膜连接成 56.5 米×8.5 米后，覆盖在竹片上，用压膜线将棚膜压紧。压膜线可以采用直径为 2 毫米的一般用途镀锌低碳钢丝，其总长度为 350 米。

3. 土后墙木结构日光温室 土后墙木结构日光温室的结构与砖混木结构的日光温室的结构基本相同，主要区别在后墙和两侧山墙。这种结构的日光温室后墙和两侧山墙是使用半砖墙（即0.24米厚的砖墙）或完全土墙。完全土墙可以是夹板墙、草袋墙、土坯墙，也可以使用拉合辫、叉土墙。这样建造的日光温室的成本较砖混钢骨架和砖混木结构的成本低很多，适合在经济发展速度慢的偏僻山区、边远地区来建造，以较少的经济投入，取得较大的经济效益。

根据日光温室的设计程序，首先进行土后墙木结构日光温室的图纸设计，根据不同的地区，确定日光温室的方位角、跨度、高度、凹入地下深度、前坡面角度、后坡面角度、墙体厚度、后坡厚度以及防寒沟的宽度和深度。图4—14是一座适用于边远地区、经济条件差的地区建造的一种土后墙木结构日光温室平面图。这座日光温室的建筑面积为411.82平方米，使用面积为341.17平方米，工作室使用面积为10.54平方米。在设计日光温室时，应建造方位角是朝南偏西5°～7°，根据不同的地区，不同的地理位置，确定具体角度。

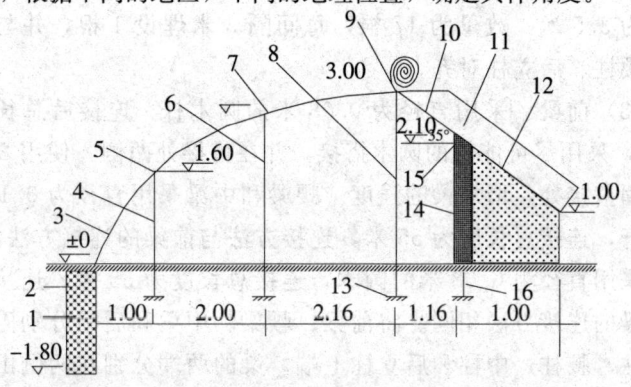

图4—14 土后墙木结构日光温室剖面（单位：米）
1. 防寒杂草 2. 塑料薄膜 3. 竹片 4. 前立柱 5. 前梁 6. 腰柱
7. 腰梁 8. 中柱 9. 中梁 10. 后坡檩木 11. 后坡覆盖材料
12. 防寒土 13. 柱基础 14. 砖墙 15. 后梁 16. 后立柱

具体的步骤如下：

(1) 画线　确定后墙和两侧山墙基础位置，用夯将基础地表面夯实并铲平。在夯实的基础上砌筑一道0.24米厚的普通砖墙，砖墙的高度为2.1米。在砌筑后墙体时，每间隔3米埋设1根后立柱，后立柱的规格为：直径0.08米的圆木，长度为2.6米，数量为17根，埋深为0.5米。两侧山墙按照日光温室棚面角度砌筑，墙体厚度为0.24米。砌筑墙体后，用土堆积在墙体的外侧，堆积厚度为1.5米。

(2) 立柱基础　使用普通红砖或较大块的规整石头做各个立柱的基础。基础深度为0.8米，长0.5米，宽0.5米，砌筑砖或石头规格为0.5米×0.5米×0.3米，将所有立柱下端蘸沥青防腐处理后埋在基础上，埋深0.5米。所埋设的立柱规格为前立柱使用直径为0.08米的圆木杆，长度为2.1米，数量为17根，每间隔3米埋设1根，并与后墙埋设立柱对齐。腰柱采用直径为0.1米的圆木杆，长度为3米，数量为17根，每间隔3米埋设1根，与前立柱、后立柱对齐。中柱采用直径为0.1米的圆木杆，长度为3.5米，数量为17根，每间隔3米埋设1根，并与前立柱、腰柱、后立柱对齐。

(3) 前梁　采用直径为0.08米的圆木杆，连接后总长度为55米，采用尽可能长的圆木搭接，并在搭接处两侧，使用2块木板紧固搭接处，增加梁的强度。腰梁和中梁采用直径为0.1米的圆木杆，连接总长度为55米，连接方法与前梁的连接方法相同。后梁采用直径为0.08米的圆木，连接总长度为55米，连接方法与前梁的连接方法相同。将前梁、腰梁、中梁和后梁分别固定在前立柱、腰柱、中柱和后立柱上端，梁的两端分别在两侧山墙体上砌筑固定。

4. 寒地节能日光温室的建造技术

(1) 场地选择　发展节能日光温室生产，要以市场为导向，并根据以下条件确定建造的地址：

①选地势开阔、平坦，或朝阳缓坡的地方建造棚室，这样的地方采光好，地温高，灌水方便均匀。

②不应在风口上建造棚室，以减少热量损失和风对棚室的破坏。如果在庭院建造棚室，而庭院正处于风口，可建造依托式温室或温床，南侧架设风障，以减少风的破坏作用。

③不能窝风，窝风的地方应先打通风道后再建棚室，否则，由于通风不良，会导致作物病害严重，同时冬季积雪过多对棚室也有破坏作用。

④建造棚室以沙质壤土最好，底土是黏质壤土，这样的土质地温高，有利于作物根系的生长，如果土质过黏，应加入适量的河沙，并多施有机肥料加以改良，土壤碱性过大，建造棚室前必须施酸性肥料加以改良，改良后才能建造。

⑤低洼内涝的地块不能建造棚室，必须先挖排水沟后再建棚室；地下水位太高、容易返浆的地块，必须多垫土，加高地势后才能建造棚室，否则地温低，土壤水分过多，不利于作物根系生长。

⑥水源充足，交通方便，有供电设备，以便管理和产品运输。乡镇企业周围的地块尽量利用工矿企业余热发展棚室生产，有利于节省能源，降低生产成本；对排出有毒气体和有害污水的乡镇企业，在它周围建造棚室，应先加以治理，达到安全标准后再建造棚室，以便发展无公害野菜生产。

（2）温室方位　北纬43°以北高寒地区温室为东西走向，南偏西3°～5°，如果并排建造2栋以上温室，2栋之间距离要以前栋温室不挡后栋温室光线为主。

（3）温室深度　为了保温，提高地温和增加室内的温度，在北纬43°～50°地区，宜将室内地坪降低0.3～0.5米，即采用半地下式温室。

（4）温室面积　温室净跨度在6.0～6.5米，净长度在50～100米，一栋温室面积最好在300～667平方米。这样基本上满足了生产及管理上的需要。但有时受用地限制，面积也可适当减小，可根据具体情况来确定，如庭院建造温室面积可小些，但不宜小于 50 平方米。

(5) 温室结构

①温室基础　砖石结构温室，为防止冰冻线的影响，在北纬 43°～46°地区，基础一般埋深 1.0～1.4 米；北纬 47°～48°地区，基础一般埋深 2.0～2.3 米；北纬 49°～50°地区，基础一般埋深 2.4～2.6 米，基础下部全部采用干沙垫层 30 厘米，可防止由于冻融引起墙体开裂。

建造温室应在秋天封冻前进行，根据建造面积，测好方位，平整地面，钉桩放线，确定出温室的后墙和两侧山墙的位置。在砌墙的位置用夯把三面墙夯实，但土坯墙需用砖、石砌地基。

②墙体建造　温室前、后墙及两侧山墙保温的好坏，亦即热阻的大小，直接影响温室的总耗热量和能源消耗。传统温室墙体采用实心砖墙，要想增加保温性能，单纯采用增加墙厚的方法是很不经济的。

砖墙：日光温室的墙体建造方法简介如下：温室前墙 24 厘米，高出地平面 6 厘米，上设预埋件；后墙的厚度可根据不同纬度来决定，一般内墙为 24～37 厘米，外墙为 12～24 厘米，中间为空心，内加上 EPS 板，两侧用塑料薄膜包紧；温室内墙里侧采取红砖勾缝，内墙也可采用蜂窝状墙体，便于储热；温室外墙外侧采取水泥砂浆涂面，上留防水沿，防止雨水直接淋溶温室后墙；内外墙间采用拉筋连接。

土墙（前述）。

③前屋面的建造　钢筋拱架温室前屋面上弦多采用直径 14～16 毫米，下弦直径 12～14 毫米，拉花直径 8～10 毫米，拱架间距 0.91 米，拱架间采用三道纵向水平支撑，支撑采用直径 10 毫米钢筋。上下弦最大间距 250 毫米，拱高为 500～600 毫米，采光屋面为拱形，拱架底角为 65°，温室后坡与水平线夹角为 30°～

34°,温室脊高 3.2~3.5 米。

土木结构日光温室前屋面有两种建造方法,一种是立窗式,见图 4-15;另一种是半拱圆式,见图 4-16。

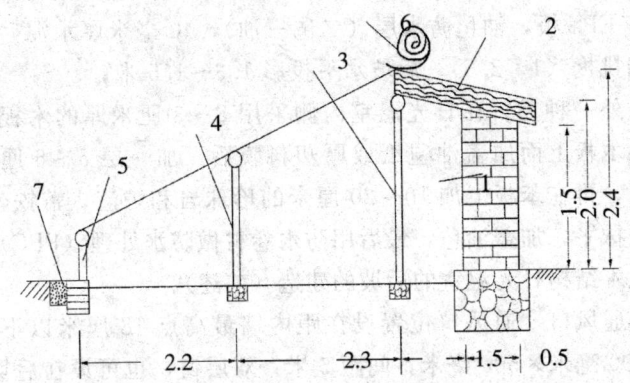

图 4-15 立窗式节能日光温室结构示意图（单位：米）
1. 土坯墙 2. 后屋面 3. 中柱 4. 腰柱 5. 前柱 6. 草苫 7. 防寒沟

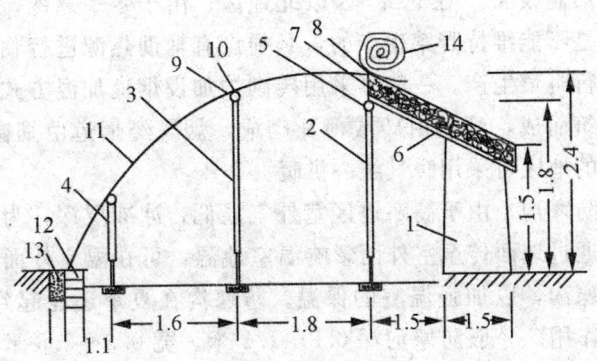

图 4-16 半拱圆型节能日光温室示意图（单位：米）
1. 后墙 2. 中柱 3. 腰柱 4. 前柱 5. 柁 6. 房板 7. 泥 8. 草盖
9. 腰檩 10. 立人字架 11. 拱杆 12. 前基础 13. 防寒沟 14. 草苫

④后坡的建造　温室后坡不仅起支撑作用，还起着保温蓄热作用，因此，为了建造出一个既具有较强支撑作用，又能减轻墙体压力，既保温又蓄热的日光温室后坡，最好选用重量轻、支撑

强度大，保温、蓄热性能好的材料来建造节能日光温室的后坡。

钢架结构节能日光温室的后坡的建造　通常采用EPS板做保温层，EPS板的厚度可由各纬度地区自行确定。第一层为木板，然后是EPS板，油毡防水层（二毡三油），40毫米厚水泥砂浆抹至后墙挑檐（1∶2.5），后坡水平投影1.3～1.5米。

另外一种为：在日光温室内侧采用2～3厘米厚的木板做支撑，在木板上面加盖油毡纸或厚塑料膜后，加一层5～6厘米厚的苯板，再在苯板上加10～20厘米的珍珠岩和炉渣，盖铁丝网，用水泥抹平，加盖油毡，最后用防水卷材做防水处理（PPC）。

土木结构日光温室的后坡的建造（前述）。

⑤通风口　通风口位置设在距内墙最高点18厘米以下，规格为500毫米×500毫米，间距5米，双层窗，也可设在后坡上，但要做好防水、防雨处理。土木结构的墙体厚度如果超过1.5米，通风口应设在后坡上。

⑥加温设备　在北纬43°以北地区，由于冬季寒冷，仅靠太阳能热是不能维持野菜生产的，必须设有辅助热源进行临时加温才能进行野菜生产。一般多采用砖砌炉加设烟道加温方式。炉子由砖砌筑而成，烟道由砖或薄瓦砌成，烟气经烟道由烟囱排走。有条件的地区可采用暖气统一供暖。

⑦防寒沟　由于高寒地区室外气温低，冰冻层深，为防止室内热量通过地面传至室外而影响温室地温，可在温室外面的四周设置防寒沟，以加强温室的保温。防寒沟在夏季还能起到隔热、排水的作用。一般防寒沟深0.8～1.2米、宽0.3～0.5米，内填隔热物，如木刨花、锯末、禽粪、马粪、麦糠和谷壳等。防寒效果较好，1～2年更换一次，起出的填充物作为腐熟的优质肥料。防寒沟上面用100毫米厚土与地平面呈一水平线。钢架结构日光温室可在四周铺设EPS板。

⑧前屋面覆盖　温室用塑料薄膜应选用耐低温、抗老化、长寿膜，现在常用的塑料薄膜有聚氯乙烯薄膜、长寿无滴膜、聚乙

烯薄膜、醋酸乙烯多功能薄膜等。按照前屋面的大小，四边多出1米裁好，用电熨斗热熔接粘后，把棚膜卷成筒，从温室顶端先盖，顶端用架条卷上一段，固定在后屋面上，然后再放开棚膜，边放边把棚膜拉紧，直到全部棚膜放开、摆正，埋在温室前沿的沟里，再把棚膜向东、西拉紧，棚膜东西两边用架条卷一段，卡在两面山墙的拱杆上（竹木结构）或钉在两面山墙的水泥阶上，棚膜与山墙的缝隙用泥抹严。盖好棚膜后用8号铁丝或压膜线压在两排拱杆（拱架）之间。

⑨工作室的建造　日光温室的工作室与农村普通民房建造方法基本相同。所使用的材料有土坯、人字梁、三道横梁、檩木，玉米秸秆或高粱秸秆及部分立柱，具体建造方法是：首先，按画线将墙基础地面用夯夯实，在夯实的基础上用普通红砖砌筑6层红砖，在砖基础墙上加盖油毡纸，再使用土坯砌筑工作室的墙体。砌筑墙体时，将4根直径0.1米的立柱砌筑在工作间4个墙角。墙体砌筑高度为2.4米，砌筑墙体后，将人字梁安装在工作间的两侧墙体之上，固定在4根立柱上边。在前坡、后坡分别将上横梁、前横梁、后横梁固定在人字梁上，再每间隔1.2米将1根檩木固定在横梁上。然后使用玉米秸秆或高粱秸秆捆绑在檩木上，秸秆用草泥抹平，用苫房草苫房盖。

⑩其他辅助设备　温室的辅助设备主要有蓄水池、灌溉设备、CO_2施肥设备、卷帘机等。

5. 节能日光温室建造时应注意的问题

(1) 建造温室前，一定要根据当地条件、资金和材料等情况，确定要建造的温室类型和结构，然后画出温室断面图和平面草图，以便准备材料和做到心中有数。

(2) 建造温室的地方，地势要高。如果建庭院温室，地势低洼要先垫土，地势加高后再建，防止温室内潮湿，造成土温过低而影响作物生长。

(3) 地基要坚实牢固，防止墙壁变形倒塌。温室的墙不同于一般房屋的墙，它的重心总是偏向高度低的一侧，因此比一般房屋的墙要求严格，土墙应厚些，砖墙砌筑的砂浆水泥标号要高些。

（4）土木结构温室，凡埋入土里或砌入墙内的木料，在土里的部分必须涂沥青防腐；钢筋、铁管埋到土里或插入墙内的部分，要涂樟丹防锈。

（5）土木结构温室各个连接部位，或木杆有节子的地方，要用铁角板、螺栓或铁钉连接加固。

（6）土木结构温室，为了保持温室的稳固，前立柱最好向里倾斜呈80°角。

（7）为了提高温室保温性，门的外面最好装门斗，如果温室面积超过200平方米，应设作业室。作业室代替门斗与外面相通，保温性会更好。

（二）塑料大棚的建造施工

1. 钢骨架塑料大棚　按照选择塑料大棚建造场地的原则，选择出适合建造塑料大棚的场地。选定场地后，砌筑塑料大棚的拱架基础。基础凝固后就可以进行棚架和塑料薄膜的安装。塑料大棚的朝向一般是东西朝向，这样可以较多地接受太阳光照。下面介绍钢筋桁架无柱大棚（剖面图见图4—17）的建造方法。

根据塑料大棚的设计图纸，砌筑塑料大棚棚架的固定基础。建造一座使用面积为780平方米的塑料大棚，高度为2.5米，宽度为10米，长度为78米，应该砌筑132个基础墩，基础墩低于地表面0.1米。基础墩分左右2排，每一排砌筑66个墩基础，墩基础左右对称，预埋钢筋相距10米，每排墩基础间隔距离为1.2米。棚架的固定基础，使用普通红砖砌筑成0.24米×0.37米×0.3米规格的长方形墩，每个墩使用普通红砖数量为18块，132个墩使用普通红砖数量为2376块。在砌筑墩基础时，将一段直径为16毫米，长度为0.3米的圆钢预埋在方墩内，钢筋埋深0.25米，钢筋数量为132个。具体步骤如下：

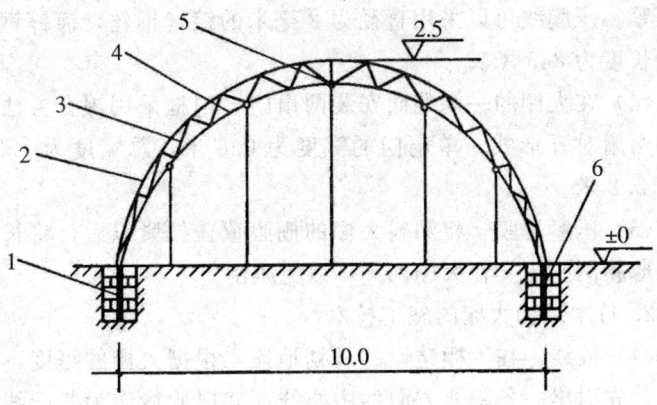

图4-17 钢筋桁架无柱塑料大棚剖面（单位：米）
1.基础墩 2.拱架上弦 3.拉筋 4.拱架下弦 5.纵向拉杆 6.预埋钢筋

（1）钢筋桁架的焊合 钢筋桁架的焊合所使用的钢筋为镀锌圆钢。桁架的上弦采用直径为16毫米的镀锌圆钢，桁架的下弦采用直径为14毫米的镀锌圆钢，桁架的拉筋采用直径为12毫米的镀锌圆钢，大棚纵向拉杆采用直径为14毫米的镀锌圆钢。直径为16毫米的镀锌圆钢，长度为11.78米，一座大棚使用66根，总重量为1229千克。直径为14毫米的镀锌圆钢长度为10.78米，一座大棚使用66根做桁架下弦，使用5根长83米的纵向拉杆，合计总重量为1735千克。直径为12毫米的镀锌圆钢长度为15米，使用数量为66根，总重量为1119千克。以上3种规格圆钢合计重量为4083千克。

（2）安钢架 将焊合好的钢筋桁架，垂直焊合在基础墩上的钢筋上面，保证66个钢筋桁架相互平行且与地面垂直。再将纵向拉筋均匀分布地焊合在桁架的下弦上，纵向拉筋两侧剩余部分，经弯曲处理后，埋入地下。

（3）覆盖塑料薄膜 将塑料薄膜用烙合方法连接成78米长，宽12.5米的规格，覆盖在桁架上弦上，大棚的两侧用烙合方法将塑料薄膜连接成与大棚两侧形状相同的形状。再用压膜线将棚膜压紧。压膜线可以采用直径为2毫米的镀锌钢丝,镀锌钢丝的用量长度为845米。

(4) 在大棚的一侧端面安装两扇门　门框采用焊合方法,门采用两扇对开形式,单扇门的宽度为0.6米,总宽度为1.2米,门高2.2米。

(5) 压紧薄膜　将塑料大棚的棚膜覆盖拉紧以后,将长出的塑料薄膜用土压实在大棚四周,以免风刮。

2. 竹木结构大棚的施工技术

(1) 放线　在大棚建设的规划地段,根据大棚的跨度,用指南针,先引出一条南北方向的中心线,并以此线作为基准线,在中心线的东西两侧确定支柱的位置,跨度10米的大棚设6行支柱,行间距离为1.5米;跨度15米的大棚设8行支柱,行间距离1.8米;两棚边柱距边缘均为1.2米。确立好每行支柱的位置后,再从一端开始按1~1.2米的距离确立每根支柱的位置,可采用白灰画十字方法进行标记。放线工作一定要做到平直而准确。

(2) 原材料的加工整理　作为支柱的竹、木材料先按设计中、边、侧3种支柱的长度进行挑选,将其中过长的截掉,使所用的中、侧、边3种支柱整齐一致,支柱顶部的锯口要平。然后对每根支柱上的枝杈进行刨光处理。

在距顶部5厘米以下的正中用木钻钻孔,以便穿铁丝固定拱杆。支柱的下部为入土部分,为了防止腐烂,可涂刷沥青进行防腐处理,对于带皮的木杆,涂刷沥青之前,要先将皮剥掉。此外,将各排1/3数额的支柱在距基部(埋入端)10厘米左右处固定一个长约20厘米的横木,以使支柱埋的更加牢固。

用做拱杆和压杆的竹材要把每个节部的残留枝杈刨光,以免扎破薄膜。

(3) 挖柱基和埋支柱　根据确定的柱坑点,深挖30~40厘米,坑底要平,尽量少留松动土,挖出的柱基土应暂时堆放在柱的东西两侧,以免影响柱埋设时拉线。如柱基坑底较湿须经晾晒后再行施工。埋柱前在南北两端临时竖起高于支柱的木杆，按照支柱的高度在上面固定一条标准线，靠近地面位置也固定一条标准线，在下部标准线上可以按规定的距离做好标志，然后安排摆放支柱。摆放支柱时，靠棚端的第1根、第2根支柱要求粗而直，并每隔2根支柱放1根下部固定横木的支柱，支柱立好后开始埋土，填土要分次回填，每次填土后要踩压或夯实，保证每排支柱根根垂直、柱位准确、高度一致。两侧的边柱可以直立也可向外倾斜，倾斜可以增强支撑力，但各柱的倾斜角度必须一致。

（4）绑拉杆　拉杆的作用是沿纵向把支柱联结起来，使之牢固。除两行边柱外，都要绑扎拉杆。拉杆一般与柱采用相同材料，便于材料调配，并尽可能选用长料，用料过短不仅费工、费料，而且还会影响固定的效果。绑扎拉杆前应把拉杆按排进行摆放。绑扎的方法是在距顶部30~40厘米处，从一端开始用铁丝把拉杆和立柱拧紧，当接续第2根拉杆时，能重叠1米以上就更加牢固了。如果拉杆距顶部过近，那么将来拴压杆的拉线就会受到限制，棚膜就难以绷紧。

（5）绑拱杆　拱杆的作用在于支撑覆盖的塑料薄膜，拱杆和压杆互相配合才能把覆盖的薄膜绷紧。在绑拱杆之前应在棚的两侧立好标志线，然后将拱杆在标志线上对准支柱入地30厘米以上，并弯成弧形，在立柱的顶部用16~18号铁丝，通过立柱上的孔眼把拱杆绑牢。两侧拱杆的接头处，或长度不够需要接换时，都要用铁丝或其他材料捆扎结实。拱杆绑扎时所有的铁丝或其他材料接头都要向下，以免扎破薄膜（图4-18）。此外，为了保持大棚的弧度，也可在边柱到两侧标志线这一段采用竹片，边柱以上仍用竹竿。用铁丝把拱杆绑好以后还要把稻草或废薄膜等缠在铁丝外面，以免扎破薄膜。

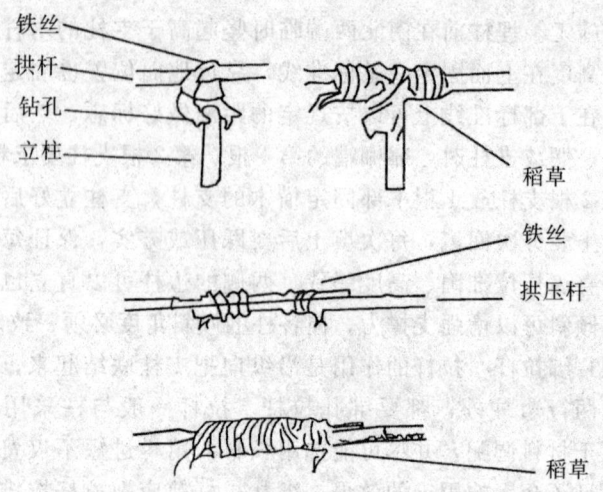

图 4—18　立柱与拱杆和拱压杆延续连接时的扎捆方法

(6) 埋设固定压杆的铁丝　在大棚两侧距边缘 30 厘米左右的地方，要固定一条与大棚长度相等的 8 号铁丝，以便固定压杆，为了将铁丝固定牢固，可先将木橛上部用木钻打孔，铁丝穿在其中，木橛下部钉一段横木，按 8~10 米距离挖坑埋好。

(7) 绑棚头　棚头的形状大体有 3 种（图 4—19）即弧头棚、齐头棚、缩头棚。做弧形的棚头，在选材上要仔细，一定要选顶稍容易弯曲的竹材，并使之在与最外面那行支柱相距 1 米处固定好，再把它弯成拱形，绑在拱杆下面就成为弧头棚；齐头棚有两种方式，即垂直和倾斜。倾斜的齐头棚在棚膜固定后的受力情况较好，安装的门不和地面垂直，大风不易将门吹开；缩头棚靠近两端 4~5 行的立柱要依次降低 15~20 厘米，这种方式对大棚内部空间有一定影响，而且棚膜在两端容易出现皱褶，非多风地区一般不宜采用。另外，在门框两侧还要横向绑 3~4 道横杆加以固定。扣棚以后在薄膜外面再用竹竿紧贴棚头的横杆将膜压紧，并用细铁丝穿透薄膜将竹竿和横杆捆紧，这样才能抵御风害。

(8) 掘压膜沟　在大棚四周的边缘掘好 15~20 厘米深的压

膜沟，掘出的土要放在外侧，待扣膜时再回填沟内。

（9）薄膜的黏合　聚乙烯和聚氯乙烯都有遇热易熔的特性。用高频热合，费用较高。

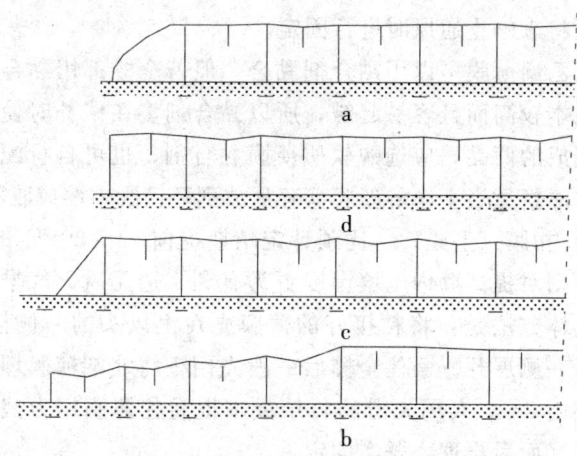

图4-19　棚头的几种形状（侧断面）
a. 弧头棚　b. 齐头棚（垂直）　c. 齐头棚（倾斜）　d. 缩头棚

一般多用电熨斗进行热合。聚乙烯需100℃～110℃，聚氯乙烯不超过130℃，故此最好用调温电熨斗。粘接时下面要垫上预先制作的一条宽约3厘米、长约12厘米、厚约1厘米的木条，木条上要钉好铁丝窗纱或类似的金属网，把木条固定（或置放）在桌案上，然后按棚的长度和最高高度，裁一块塑料薄膜作为标准，使一端和另一幅从整卷上揭开的薄膜在垫网上重叠2～3厘米，上层膜上加盖玻璃纸条（或其他纸条），然后用电熨斗推压进行粘接。在粘接过程中应注意：①推压电熨斗时用力要均匀；②粘完一道再向前移动时要在前一次的3～5厘米处进行重复；③两幅的重叠部分要平而齐，若薄膜粘斜，则影响固定效果。

这样直到和第一块膜的长度相等时，把它裁开再加粘一幅直到预计的宽度。而后松松地卷起放在空闲的屋内备用，并注意防鼠。

如果大棚跨度超过10米，为了加强通风，就需要按大棚1/2的跨度再加50厘米，粘接两块薄膜，这样可以从顶部扒开进行通风。所以最后一幅薄膜的边缘要折成筒形，里面放置一条麻绳，以便将来停止通风时进行固定。

聚氯乙烯薄膜可以用黏合剂黏合，但若全棚都用黏合剂来粘接，则成本较高而且容易起皱，所以黏合剂多在修补时使用。黏合剂有现成的商品，应选购软质薄膜黏合剂；也可自行配制，最简单的方法把适当干净的新膜剪碎后放到环己酮中溶成胶状。

（10）扣膜（上膜） 比预计定植期提前15～20天扣棚，如能提早，则对提高棚内土壤湿度更为有利。选无风天气早上进行扣棚。具体方法是：将粘接好的薄膜先在上风头的一侧摆放好，然后向另一侧展开。蒙住全棚后一般先用土将北端薄膜埋好，然后在南端由2～3人用光滑的竹竿或木棍卷住薄膜用力拽平，使薄膜绷紧，而后再埋土踩实固定。

如果是两块薄膜，就要先上半面，固定好以后再上另外那半面。

（11）上压杆 这是绷紧棚膜的一项关键性作业。压杆是由多根竹竿通过梢部连接而成，其长度比拱杆稍短。每2道拱杆之间上一道压杆。这样把棚膜压成钝锯齿状。压杆的两端用铁丝固定在大棚两侧的压杆拉线上，另外根据立柱的位置，用铁丝穿透薄膜使拉线拴在拉杆上。上压杆可以隔几行先上一道压杆，然后再按拱杆的间距把压杆上齐。也可以从两端开始，向中央顺次安装压杆。如果聚氯乙烯薄膜上有孔洞，就要用黏合剂粘补好。

压杆也可以用8号铁丝或扁形压膜线代替，但固定效果不如压杆。

（12）安装门 在大棚两侧将预制的门框固定好，将薄膜剪开固定在门框上，然后再安装门扇。为了节约木材，门扇也可是一个四框，在上边固定薄膜，生长后期也可再将薄膜取掉换成窗纱，以便加强通风。

第二节　野菜的春早熟栽培技术

野菜春早熟栽培是在冬季或早春播种育苗，于晚冬或春季定植，春季或初夏上市的一种栽培方式，其上市正是春季供应淡季，经济效益较高。

一、整地施肥

利用塑料大棚或塑料中、小棚，可进行野菜春早熟栽培，播种前15～20天扣上塑料薄膜，夜间加盖草苫子，尽量提高设施内的地温，每亩施腐熟的有机肥3000千克、碳铵20千克和磷酸10～15千克做基肥。深翻，耙平，做成宽1.2～1.5米的平畦。

二、播种与田间管理

在畦内有较充足的底墒情况下撒播，出苗前，白天温度应保持15℃～25℃，夜间10℃～15℃；出苗后，为防止幼苗徒长，适当降低温度，白天15℃～25℃，夜间10℃～12℃；生育中期，外界气温渐渐升高，应注意及时通风降温。当外界气温升高，白天温度稳定在25℃以上时，去掉塑料薄膜，使其处于露地条件下，当夜间最低气温稳定在15℃以上时，可逐渐撤除草苫子、塑料膜覆盖物，转入露地栽培。早春栽培的野菜可采收2～3次，每采收1次，追肥1次，肥料的浓度可适当加大。

三、采收与采后处理

春早熟栽培中，野菜上市越早，价格越高，经济效益越高。野菜采后处理多元化，应提倡多渠道、多技术层次开发采后加工处理，以适应市场的需求，如酱菜系列产品；与面食结合加工制作各种野菜饺子、包子、面条、面点等面食产品；通过榨汁、浸提、勾兑等工艺制作各种饮料（口服液）；采取粉碎浸提等加工技术制成各种粉剂；开发活体保鲜野菜产品，包装上市以及野菜的深加工，特别是开发功能性保健品、药品等的市场潜力都很大。野菜的产后处理与加工过程以及最终产品必须达到绿色食品的标准，防止产地污染与二次污染。

第三节 野菜的秋延迟栽培技术

秋延迟栽培技术是在夏季播种或育苗，秋季定植、秋末冬初在保护设施内继续生长发育，延迟到11~12月份上市供应的栽培方式。这种栽培方式延长了蔬菜供应期，解决了秋末蔬菜短缺的矛盾，经济效益较高。

秋延迟栽培的保护设施为塑料大、中、小棚、风障阳畦。在秋季早霜来临前20天应建好，扣上塑料薄膜。

秋延迟栽培的播种育苗均在7~8月份，此期天气炎热，不利于种子的发芽出苗，催芽时，应放在阴凉处，如果不催芽直播，往往因高温而不出苗。

野菜定植后及时灌水，缓苗后适当少灌水，进行蹲苗，促进根系发育，防止徒长，提高入冬后的抗寒力。天气转冷后，适当少浇水，随着浇水次数的减少，可不追肥或少追肥，在早霜来临前10~20天，建好保护设施，夜间扣上塑料薄膜，白天注意通风，随着外界气温下降，白天减少通风，夜间加盖草苫子保温，当保护设施不能保持野菜正常生长时，应陆续采收上市，由于秋延迟栽培的上市期越晚，价格越高，所以在可能的条件下，应尽量推迟采收期。

第四节 野菜的越冬栽培技术

越冬野菜栽培是在秋季育苗，定植在保护设施内，于元旦、春节采收上市的栽培方式，品种应选择适于越冬栽培的品种。

播种：根据情况一般于7~11月均可播种，次年1~4月分期收获。催芽前先将种子用清水浸泡12~24小时，然后在温度20℃~25℃催芽。采用直播，播种方法有条播或撒播，每667平方米用种4~5千克，利用平畦条播压平再浇水。撒播时畦内先浇足水，待水渗透后，畦面撒1层过筛土，然后再撒播种子，覆土。

播后及越冬前管理：从播种到出苗前一般需浇水2～3次，要保持土壤湿润，以便种子发芽出苗。小苗出齐后适当控制浇水。当苗为4～5厘米高时随水追肥，每667平方米施硫酸铵10～15千克，以后要控制浇水，防止越冬前小苗生长过快过嫩而降低抗寒能力。越冬野菜在封冻前要浇冻水，随水浇1次人粪尿。灌水后，畦面覆盖碎马粪、干草等防寒越冬，但覆盖不宜过厚。

返青后的管理：翌春清除覆盖物、土壤疏松后浇返青水，并随水追施尿素每667平方米10～15千克，以后应根据土壤和苗情适时浇水。在收获前7～10天，每千克用20毫克的赤霉素喷洒，可提高产量。在生长过程中，主要害虫是蚜虫，可用50%的辟蚜雾可湿性粉剂2000～3000倍液，或40%氰戊菊酯乳油6000倍液喷洒。

第五章 野菜（茎菜类）资源及其栽培技术

第一节 水　芹

水芹，伞形科，别名河芹、野芹菜（见图5-1）。

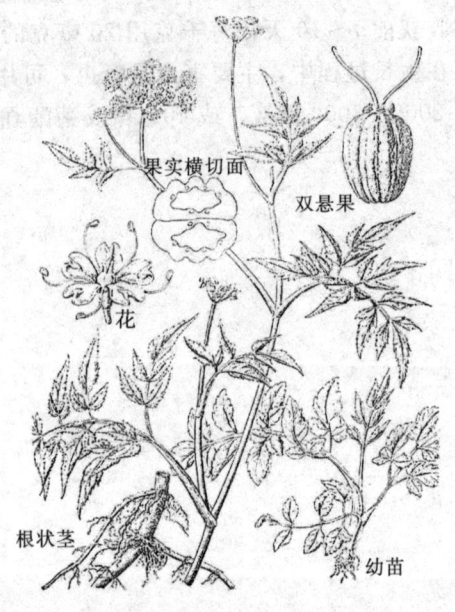

图5-1　水芹

一、形态特征

多年生草本，高30～50厘米，根状茎短而匍匐，节处簇生须根。茎下部伏卧，节处生匍匐枝及须根，茎上部直立，表面具棱，中空。茎下部叶有长柄，基部鞘状抱茎，上部叶片渐短至全部成鞘，叶片呈三角形，2回羽状全裂，终裂片披针形、椭圆状披针形或卵状披针形，基部楔形，先端渐尖，边缘具不整齐的尖齿，复伞形花序；无总苞片或1~3枚早落；伞梗7~18条；小伞形花序约20朵花；小总苞片5~10片；萼片5裂，近卵形；花瓣白色。双悬果椭圆形，果棱宽厚，分生果各棱槽下具1条油管，接着面具2条油管。花期7~8月份，果期8~9月份。

  水芹不择气候，严寒期植株在水下能够不受冻害。喜湿阴，耐肥、耐涝及耐严寒，但不耐热、旱，适温15℃~20℃，能耐0℃以下的低温。土壤以深厚、肥沃、微酸性或中性的黏质土为宜，适宜旱栽，实行软化栽培。水芹发芽率低，生产上不用种子繁殖，而用老熟花茎繁殖。常生于田边或沟边低洼潮湿处，温度较高地区，植株生长快，早熟，生长期50天左右，喜凉爽气候，幼苗需要较多的水分。

二、栽培技术

  1. 选地整地 选洼地、水田和水源充足且地势不高的旱地均可栽植，土壤以土层深厚、富含有机质的黏土为好。栽前排去洼地、水田的积水，施足基肥，深耕细耙，使田土达到平、光、烂、细，最忌高低不平，因高处易受旱，会晒枯植株；低处易积水，萌芽时会使田水晒烫，造成热水煮芽而缺棵。田内要开好排水沟，旱地土壤保水力要强。

  2. 繁殖方法

  (1) 母茎培育 越夏的母茎休眠芽必须在25℃以下才能萌发。早水芹于立秋排种，此时气温较高，为使休眠芽提早萌发，宜先催芽，即从留种田拔起侧芽饱满的母茎捆扎成小束，交叉堆放在阴凉通风处（树荫下或房屋北面），上面盖一层稻草或带叶树枝，日盖夜揭，早晚浇凉水，保持凉爽湿润，定期翻堆，防止腐烂。10天左右各节开始生根发芽，即可排种。排种前，先放干田水，将粗壮的母茎排在大田四周，母茎基部朝外，梢头朝里，将细长的母茎切成长10~15厘米的小段,均匀地撒于田块中央。排种后7~10天开始萌芽,半个月后开始发叶生根,1个月后苗高可达12~15厘米,这时应结合除草进行匀苗移栽。方法是将田间秧苗全部拔起,边拔边栽,每3~4株为1穴,穴距12~15厘米见方,每2米中间留25厘米宽人行道,以便施肥和除草。大田栽培可从良种田中选挖健壮的种株,以3~4根为一簇,栽插水田中,栽种密度,穴行距15厘米×30厘米。栽前,养种地应施足基肥,犁耙平整,保持浅水层2~3厘米,并定期换水。根据苗情结合除草施入腐熟人畜粪,此时追肥一定要适度,为防植株生长旺盛引起倒伏,植株过密,要适当疏苗。

(2) 水芹旱栽 水芹一般在水田里栽培,旱地如地势较低,水源充足,土壤保水力强,也可栽培。地干时整地,施基肥,使地面平整,田土细碎。作畦时畦面宽1.5米,畦沟宽0.4米,畦沟深0.3米,进行沟灌。先在畦面上横开浅沟,行距20厘米左右,将已催芽的母茎排入浅沟中,上盖细土,排种后应浅水勤灌,保持畦面湿润和畦沟有水。芹苗出齐后,进行第1次追肥,施人粪尿或滤过渣的粪水,浓度宜稀,以防浇伤苗。

3. 田间管理 排种前田间放干水,排种后灌浅水,以母茎一半在水中,一半露出水面为宜,2~3天后将水排去,使母茎倒下陷入泥中,保持大田四周排水沟里有水,田中湿润,严防积水和干裂。如遇暴雨,要及时排水,严防母茎被水冲刷后漂浮;如遇天气干旱,则晚上灌浅水,早晨排去。当苗高3~5厘米时,应搁田4~5天,使表土稍干,促进根系生长。以后随灌随排,保持田中土壤湿润。匀苗前后,保持田中水深2~3厘米,秧苗活棵后将水排去,保持表土湿润。植株进入旺盛生长期,应加大追肥量,每隔7天左右追肥1次,连追4~5次,追人粪尿或尿素。同时,另可追施适量草木灰1~2次,以补充钾肥。9月份以后,植株生长缓慢,应停止追肥。每次追肥田间应保持浅水层,以使肥料被充分吸入土中。追肥后应用水泼浇,洗去茎叶上的人粪尿或尿素，防止烧伤叶片。为了使水芹基部白嫩，提高质量和经济价值，可拔起株高 30 厘米以上的株苗，在原地重栽 1 次，深约 20 厘米，使在泥中的一段地上茎和叶柄软白。留种田不能深栽，以免影响发棵。

三、病虫害防治

1. 病害防治　主要病害有腐烂病和锈病。防治腐烂病，可在整地时，每公顷施石灰 1500 千克，不过多施用氮肥，增施草木灰，以增加植株的抗病力。必要时可喷洒波尔多液，或用托布津，在 7～10 天内连续防治 2～3 次。防治锈病，可喷洒代森锌液。

2. 虫害防治　主要是母茎易受蚜虫危害。苗期发生蚜虫，用漫灌法除虫。

四、采收

水芹长到 35～45 厘米时即可采收，采收时，最好根据需要量，分区轮割采收。应先从一个角落开始，只采收茎秆粗壮、叶片浓绿的植株，留下矮小的植株，作为第 2 年种株用。采收后整理，捆扎成束，随即上市。水芹茎叶中空，含水量高，不耐贮藏。水芹的嫩茎叶可食用，一是将鲜嫩茎叶洗净，用水焯 5 分钟左右，再用凉水浸泡，然后炒食、凉拌或做馅，有清香味。二是泡酸芹菜，方法是将新鲜嫩茎叶洗净后，晾干水分，放入事先配制好的酸卤水坛中，盖上盖，2～3 天后即可取出食用。三是用水芹腌制酱菜。

第二节　水　蒿

水蒿，菊科，别名柳蒿芽（图 5-2）。

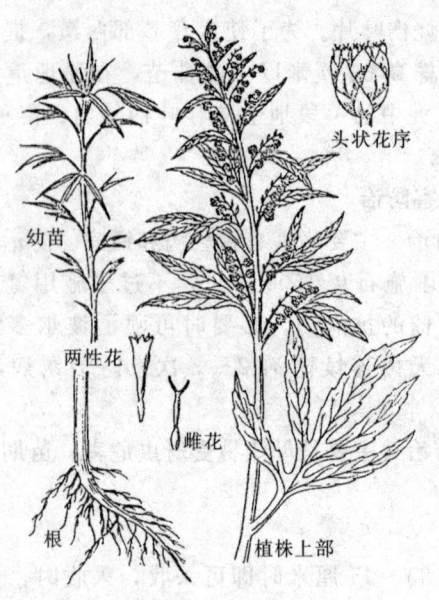

图 5—2 水蒿

一、形态特征

多年生草本，直立，单一或上部分枝，无毛，单叶互生，具柄，茎中部叶片羽状深裂，侧裂片2对或1对，裂片呈线状披针形，先端渐尖，边缘具疏浅锯齿，头状花序多数，集成狭圆锥状。花期8月份，果期8~9月份。

水蒿喜欢冷凉湿润，耐寒、耐热力都较强，冬季零下5℃时茎叶不致枯萎，夏季40℃以上的高温，仍能旺盛生长，平均气温达10℃时，开始生长。水蒿耐瘠薄、旱涝、盐碱，但要获得高产、优质的嫩茎，应选择疏松、保水保肥、富含有机质的肥沃壤土或沙质壤土栽培，水蒿虽然适于密植，但对光照条件的要求比较严格，茎叶生长期除肥、水充足外，还要求阳光充足，植株才能生长旺盛，达到叶片肥厚、茎秆粗壮、品质脆嫩。常见于湿草甸、沟旁、沼泽、水边、灌木丛。属强光照作物，光照不足，生长细弱。适合在冲积沙壤土上生长，忌连作，连作3年以上，生长不旺，且病害较重。

二、栽培技术

1. **选地整地** 选择潮湿、肥沃的冲积沙壤土,栽种前1个月进行耕翻晒垄,结合整地施入腐熟的厩肥,整地作畦,畦宽1.5米、高15厘米,畦面南北向,将畦面耙细、整平,结合整地施腐熟的厩肥。

2. **繁殖方法** 水蒿的繁殖方法一般有5种,即种子繁殖、扦插繁殖、地下茎繁殖、分株繁殖、茎秆压条繁殖,用得最多的是扦插繁殖。

（1）**分株繁殖** 具有发达的根系,成活率高,生长迅速。缺点是分株苗体积大,又易干瘪,运输不方便。

5月上中旬,在留种田块离地高10厘米左右剪去地上茎,然后将植株连根挖起,在筑好的畦面上,按行距40～50厘米、株距35～40厘米,每穴栽种1～2株,栽后踏紧,浇透水,经5～7天即可发新芽。

（2）**茎秆压条繁殖** 每年7～8月份,将半木质化的茎秆齐地面砍下,截去顶端嫩梢,在筑好的畦面上,按行距35～40厘米,开深5～7厘米的沟,将水蒿茎秆横栽于沟中,头尾相连,然后覆土,踏紧浇水,经常保持土壤湿润,以利促进生根和活棵。

（3）**扦插繁殖** 该方法是水蒿的主要繁殖方法,优点是取材容易,操作简单,不用育苗,不易发生变异,能够保持母株的优良性状和特性,成苗快,结果较早,但不能用于大面积生产。

插条标准,每年6月下旬至8月,从当年未收割、无病虫、生长健壮的植株上剪取粗1厘米以上、木质化或半木质化的枝条,截去顶端嫩梢,摘除中下部叶片,截成20厘米长小段,每段插条顶端至少要有1～2个饱满芽,再将插条下端靠节剪平、上端距最上一芽剪成斜面,以免积聚雨水,引起腐烂。

在筑好的畦面上按行距10厘米开沟,沟深同插条长度,将插条相距3～5厘米排列在沟内的一侧,边排边封土,最后只让插条顶端一芽露出土面,然后踏紧压实,浇透水,扦插后,应保持土面湿润,经10天左右即可生根发芽。

(4) 地下茎繁殖 该法同扦插繁殖基本相同,即利用分株后留下的地下茎来繁殖,地下茎挖出后,去掉老茎、老根,从中挑选优良的地下茎,切成有 2～3 个节的一段,以利节上萌发新根和新株。按行株距开穴,每穴放入 1～3 段,然后盖土并压紧;也可在筑好的畦面上每隔 10 厘米距离开浅沟,将每小段根茎平放在沟内,覆薄土,浇足水,四季均可进行。

(5) 种子繁殖 一般都是播种育苗,该方法可就地培育大量种苗,适合大规模生产,幼苗生长势强,定植后缓苗快、成活率高,只是进入盛产期比分株繁殖要长。应选择地势平坦、土壤肥沃、排灌方便、无病虫害的地块作苗床,畦宽为 1 米,冬耕或播种前整地时施入堆肥或饼肥。播种前,种子用水选,选出充实的种子,装入干净的布袋,放温水中浸泡 4 小时,然后放在保温性好的瓦盆中,进行催芽,每 3 小时翻动 1 次,并用清水淘洗,当有 2/3 的种子发芽时,即可播种。

将种子与细土(种子量的 3～4 倍)拌匀后直接播种,覆土 1 厘米,镇压后浇透水,覆盖塑料薄膜,7 天出苗。幼苗出真叶后,要及时间苗,结合间苗拔除杂草,40 天左右,苗高 10～15 厘米时,即可定植。

3. 田间管理 播种出苗后,结合浇水施肥,促进水蒿的营养生长,防止植株早衰,增加地上部养分向地下茎积累,对盖棚后水蒿的提早萌发和提高前期产量十分有利。水蒿地下茎主要分布在 5～10 厘米土层内,栽种活棵后,要及时拔除田间杂草促使根系生长发育,同时进行追肥浇水。水蒿耐湿性很强,不耐干旱,高温干旱季节要经常浇水,保持田间湿润,以促进生长。

三、病虫害防治

1. 虫害 主要虫害有蚜虫、钻心虫。喷蚜虱净防治蚜虫;用灭多威从 5 月上旬至 8 月下旬每隔 7～10 天喷 1 次,可防治钻心虫和其他虫害。上市前 10 天停止喷药。

2. 病害 主要有白粉病、菌核病。防治白粉病可用多菌灵、粉锈灵或生理盐水喷雾于叶背面。防治菌核病的主要措施是换茬，选择无病植株做种，加强肥水管理，促使植株旺盛生长，提高植株对病害的抵抗力，可用速克灵喷雾。

四、采收

当植株高 15 厘米左右时，顶端心叶还没有散开，茎秆也没有变硬而现白绿色时，便是收获适期。采收时，沿地面以下 1 厘米处割下 15～20 厘米的幼茎，留下长度不足的幼茎。割下的幼茎除保留顶端少数心叶外，其余叶子都去掉，然后根据茎秆粗细、轻重进行分级扎把，用清水冲洗干净，堆放在清洁的阴凉处，盖上湿布，进行短时间的软化处理，经过 8～10 小时后，便可运到市场上销售或食用。水蒿除鲜食外，其嫩枝晾干后，可做干菜备蔬菜淡季食用。

第三节 马 齿 苋

马齿苋，马齿苋科，别名马舌菜、长命菜、长寿菜、蚂蚁菜（图 5-3）。

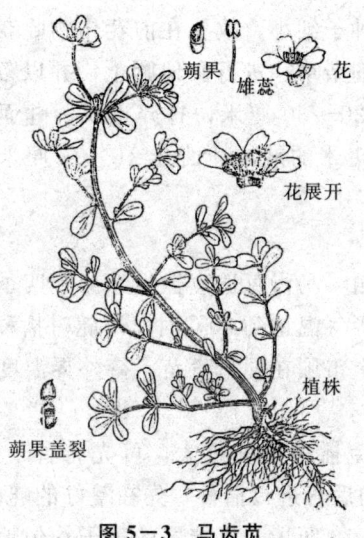

图 5-3 马齿苋

一、形态特征

1年生肉质草本,无毛,茎平铺或斜生,由基部分枝;叶互生或对生,叶片肥厚,叶柄甚短,呈倒卵形,基部楔形,先端圆或微凹,全缘。花期6~8月份,果期7~9月份。

马齿苋性喜高温高湿,耐旱、耐涝、耐阴、耐光照,有向阳性,适应性强,但不耐寒,发芽温度为20℃以上,最适温度25℃~30℃,生长适温为23℃~27℃,在空气较干燥、土壤湿润的环境中生长旺盛。对光照要求不严格,强光、弱光下都能生长良好,遇连雨天气易徒长,光照太强易老化。马齿苋以向阳肥沃的壤土或沙质壤土栽培,pH值为中性和弱酸性土壤为好。肥料以氮素肥料为主,钾肥次之。生长期间,要保持土壤湿润。马齿苋属C4(碳4)植物,但为了生产品质幼嫩的茎叶,宜选用保水力良好的沙质壤土栽培,同时要注意选择阳光能照射到的田块,这样有利于促进茎叶繁茂生长。

二、栽培技术

1. 选地整地　马齿苋的栽培田应选在地势平坦、排灌水方便的地块,马齿苋种子细小,故要在前茬作物收获后精细整地,清除残留作物及田间杂草,进行翻地晒土,并以条播为好。施腐熟厩肥,耕翻深度20~30厘米,打碎土块,畦面达到平、松、软细的要求,做宽1米的畦,畦面开21~24厘米宽的2条播种浅沟,选墒播种。

2. 繁殖方法

(1) 种子繁殖　马齿苋适应性强,一年四季均可在露地或保护地栽培,当外界气温达到20℃时,可随时播种,一般采用直播方式。要想提前上市须在温室育苗,待外界温度适宜后再栽植到大田。

直播时为避免播种密度过大,可先将种子与相当于自身重100倍的细沙混匀后再进行播种,先在整好的畦内按30厘米的行距开沟,播幅8~10厘米,将拌好的种子均匀地撒入沟内,由于种子容易进入土壤的缝隙中,播后轻踏即可,无须覆土。如土壤湿度适宜,播后可不浇水,如土壤干燥则可用喷壶喷水,水量不宜过大,以免土壤板结,造成出苗困难,缺苗断垄。

育苗繁殖,育苗土用珍珠岩和蛭石按 1∶1 混合均匀,装入育苗盘,使其距上口 1 厘米,刮平,将种子用 5 倍细沙混合播种,稍覆蛭石,将育苗盘浸在盛水容器使水从育苗盘底部向上浸透水,覆盖薄膜,9 天左右即可出苗。当苗高 2 厘米时进行分苗,将苗移入分苗盘,苗高 3 厘米移入栽培田。栽培田应选排水良好的耕地,深翻 20 厘米,耙平做 1 米宽的畦。

(2) 扦插繁殖 马齿苋的茎生根能力很强,一旦和土壤接触就可生根,在春夏生长季节,采集马齿苋的嫩茎扦插,长度 5~10 厘米即可,按照 10 厘米×15 厘米的株行距扦插于田内,插后浇水,保持一定的湿度,在光照较强的季节应适当进行遮阴,以减少蒸腾促进缓苗。在适宜的条件下,一般 7 天左右即可长出新根,旺盛生长。

3. 田间管理 播种分苗或扦插后 15~20 天即可移入大田栽培,栽培面积较小也可直接扦插到大田。移栽前翻耕田土,结合整地施入充分腐熟的人畜粪或三元复合肥,栽植后在苗高 10 厘米时间苗,保持株距 12 厘米,随间苗随除草、松土,并追肥 1 次。成株后,抗旱能力增强,但怕水涝,积水时必须及时排出。

三、病虫害防治

1. 病害 主要病害有病毒病、白粉病及叶斑病。冬季及时清除病残落叶,集中进行深埋或烧毁;合理施肥,及时清除田间积水,避免偏施氮肥,保证植株生长健壮。对病毒病可用 1∶1∶50 的糖醋液叶面喷施;白粉病用甲基托布津、粉锈宁防治;叶斑病用百菌清、多菌灵、速克灵防治。

2. 虫害 主要虫害是蚜虫,用乐果乳剂防治。

四、采收

1. 采收 待株高 25 厘米以上时,可整株连根拔起或用镰刀距地面2~3厘米处收获。为保持其产量和质量,应把顶端现蕾部分及时摘除,促其长出新的分枝,促进营养生长,不让它开花结子,这样就可以连续采摘新长出的嫩叶,直到霜冻。一旦开花,生长就停止,茎叶也变老,此时应割下晒干以备蔬菜淡季食用。

2. 加工 将采收的马齿苋运回,摊于晒场晒干。如遇阴雨天可送入烘干室干燥,温度在50℃以下;干燥后可提取有效成分入药。如制饮料,可将采收的鲜马齿苋洗净、粉碎、浸提、压滤、浓缩即可。如做罐头,可在马齿苋开花前收割、洗净,按不同配方要求加工制作。亦可将鲜马齿苋洗净用沸水焯3~5分钟,捞出后用冷水浸泡30分钟,捞出阴干制成马齿苋干菜。

第四节 展枝唐松草

展枝唐松草,毛茛科,别名猫爪子菜(图5-4)。

一、形态特征

多年生草本,茎直立,多分枝,常无毛,中突。叶多集中于茎中部,叶柄基部加宽,呈膜质鞘状,3~4回三出式羽状复叶,叶片卵形或倒卵形,基部圆状楔形或楔形,顶端具3钝齿或全缘,两面近无毛,圆锥花序多分枝。花期7~8月份,果期8~9月份。

展枝唐松草喜温暖湿润的环境,能耐寒,最适宜在养料充足、土壤疏松、温暖和排水良好的地块栽培,以偏酸性的沙壤土种植为宜,土壤要求通透性好。植株耐寒,低温对其无冻害,植株秋后枯萎,翌年4月宿根发芽返青,种子秋后播种安全越冬,也可于翌年4月后约7天出苗。光照喜凉爽,亦耐光照,在阴湿的条件下生长较佳,强光下亦能生长,但后者出苗率及长势较差。植株出苗到开花期要求湿度较大,应保持一定的湿度,但不能积水过涝,致使根部腐烂。花期后适当减少灌溉次数,植株长势较好。常见于山坡、林缘、疏林下、灌丛中。

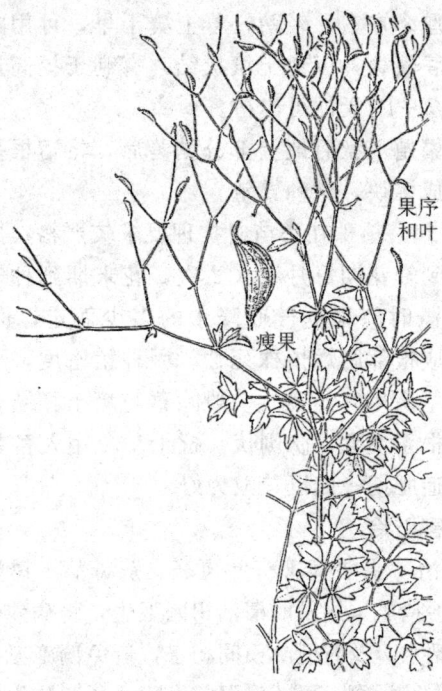

图5-4 唐松草

二、栽培技术

1. 选地整地 选阴湿、通风良好、腐殖深厚的疏松沙壤土、轻壤土、有机质含量丰富的土壤种植,山坡地种植亦可。栽前翻地深20~30厘米,剔除草根、石块等杂物,施农家肥,再翻耕、耙碎,整平作畦。

2. 繁殖方法

(1) 种子繁殖 可采用条播、点播、撒播。点播,适合于小实验田中应用,按株距、行距各30厘米在畦面上开穴,穴深2厘米左右,每穴种3~5粒,覆土。条播,适合于较大的试验田,为使播种均匀,可在种子拌入细沙(1∶3)秋后播种,行距15厘米,浅沟深2~3厘米,盖上细土。撒播,适合于要求不太严格的大田中进行，在整好的畦面上将种子均匀撒开，盖一层细土，土层厚2厘米左右，轻踏。若土壤干旱，可用喷壶喷水，喷后用草帘或地膜覆盖，以免土壤板结，有利于提高地温，促进种子萌发，播后7~10天即可出苗。

(2) 分根繁殖　秋后地上部分枯萎后，将宿根挖出，剪去须根，按芽分割成多块，做种繁殖。

3. 田间管理　植株在小苗时护理要求较严格，成苗后可粗放管理。出苗后到开花期每月浇水2次，花末期到种子成熟期每月浇水1次，灌溉时应根据气候降水的多少而定，但不能大量积水，否则易造成根部腐烂植株死亡。因种植密度，不宜大规模中耕，只能在杂草萌生时浅锄。一般除草与培土相结合，培土可提高地温，促使根系发育，防倒伏，抗干旱。用人畜粪尿追肥，以穴施法进行，追肥期一般以花败为好。

三、病虫害防治

1. 病害防治　主要病害有叶斑病、灰霉病、锈病、唐松草圆斑病。主要防治措施采用及时清洁田园卫生，将病残体集中带至田外烧毁；合理肥水，及时清除田间积水，避免偏施氮肥，保证植株生长健壮；轮作及深翻，可减轻翌年发病。药剂防治时，叶斑病可喷洒波尔多液或退菌特，每7~10天喷1次，连续2~3次；灰霉病用波尔多液喷洒，每10~14天喷1次，连续3~4次，从无菌株留种芽，可用代森锌浸种10~15分钟，消毒后栽种；锈病用石硫合剂或敌锈钠喷洒，每7~10天喷1次，连续2~3次；展枝唐松草圆斑病用扑海因或代森锰锌液喷洒，视病情喷2~3次。

2. 虫害防治　主要是蛴螬。可采用秋季或春季深翻晒土，将一部分幼虫及成虫翻至地表，使其冻死、风干或被天敌捕食、寄生及机械杀伤；多施腐熟的有机肥料，改良土壤结构，促进植株根茎健壮生长，能够增强抗虫性；在成虫发生期用辛硫磷乳油拌种消灭幼虫。

四、采收

1. 采收　在5～6月份采集嫩茎,并使基部黏湿泥土,防止水分流失和老化。

2. 加工　鲜食,摘取展枝唐松草嫩茎,洗净,放沸水焯煮3分钟捞出,用冷水冷却后,以盐、味精、香油、蒜等佐料适量拌匀即可食用；也可将其拌匀灭菌真空包装出售；还可将其与肉、鸡蛋炒熟食用。冷冻,把鲜嫩的展枝唐松草经沸水焯煮冷却后,摆放整齐分装塑料袋、封口,在零下18℃低温冷库冻结贮藏。制成罐头,根据加工方法和口味要求不同,可制成清渍罐头、酸渍罐头、调味罐头、盐渍罐头。主要工艺流程是,采用鲜嫩展枝唐松草→挑选→洗净→沸水焯煮→冷却→以不同汤液灌装→排气→封罐→杀菌。盐腌,将展枝唐松草嫩茎洗净,以沸水焯煮后冷却,先在坛中或瓷罐中放一层底盐,然后一层菜一层盐整齐摆好,投盐量为鲜菜的35%,最上层撒封盖盐,盖一干净无味木盖,上压一块石头,经10～15天后即可食用,必要时可倒缸进行2次盐渍装桶后贮藏销售。秋季当茎叶枯萎时,挖取根茎,除去茎叶,抖净泥土,晒干即谓之威灵仙药材。

第五节　兴安升麻

兴安升麻,毛茛科,别名窟窿芽、升麻(图5—5)。

一、形态特征

多年生草本,高1.2～2米,根茎粗大,黑褐色,茎直立,单一。叶片2～3回三出或三出式羽状复叶,顶生小叶宽卵形或菱形,深裂或浅裂,侧生小叶椭圆形或歪卵形,边缘具不整齐的缺刻状齿。雌雄异株,复总状花序多分枝。花期7～8月份,果期8～9月份。

兴安升麻喜温暖湿润的环境,忌强光和高温,需要遮阴,特别是苗期的耐光能力弱,随着苗龄的增加,其耐光能力逐渐增强，兴安升麻适宜生长在肥沃、富含腐殖质、土层疏松、下层较紧密的沙质壤土，有利于根茎向上生长，黏重、排水不良的土壤不宜种植。常生于林缘、灌木、山坡、沟谷等地。

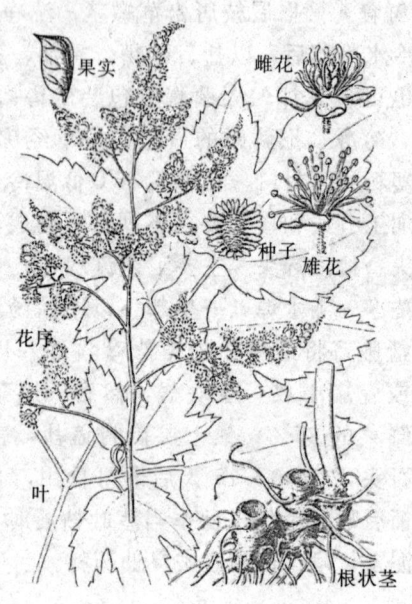

图 5-5　兴安升麻

二、栽培技术

1. 选地整地　选择地势平坦、土壤肥沃、便于排灌的地块，耕前施积肥，将肥料均匀撒入地中，然后深耕 20~30 厘米，耙细整平，作畦，宽 1 米、长 20 米或视实际情况而定，播前浇足底水，地头挖好排水沟。

2. 种子繁殖　兴安升麻一般用种子繁殖，春播于 4 月中上旬播种，将种子拌上土或细沙均匀地撒播于床面上，覆土 0.5 厘米，播后盖草保湿，8 天左右种子萌发，10~15 天幼苗出土，20 天左右即可撤去覆盖物，1 个月左右即可定苗。幼苗在整个生长期内都须经常喷淋保湿，否则长势不良，有日灼现象发生。幼苗生长1～2年即可移栽,时间以5月上旬为好,移栽地块要求与育苗地相仿,施农家肥、过磷酸钙,做床要求与育苗相同,定植密度为每公顷30 000株,起苗前及定植后浇足底水,定植当年应注意锄草和浇水,避免草荒及保持土壤湿润。定植2年后即可进行春采,采收期1个月左右。

3. 田间管理 兴安升麻在幼苗期应注意及时浇水、松土、除草,以利于幼苗的生长,防止杂草滋生,保持土壤湿润;雨季应注意排水防涝,防止积水烂根,幼苗进入旺盛生长期后,注意合理施肥,每月追施速效氮肥,施肥后浇水。定植第2年春追肥1次,每公顷施氯化钾、二铵、过磷酸钙各150千克,以后视情况逐年追施人粪尿及化肥,并进行除草松土。

三、病虫害防治

1. 病害 主要是苗期病害。育苗前应做好苗床土壤消毒工作,可用可湿性福美霜500～1000倍液防治。耕培期主要病害有白粉病和黑斑病,可用二硝散50%可湿性粉剂250倍液喷雾防治。

2. 虫害 主要虫害是蝼蛄、蛴螬、黏虫。可用氯丹5%粉剂,每公顷施30千克左右进行防治。栽培期主要是卷叶蛾、蚜虫,可用辛硫磷1000倍液喷雾防治。

四、采收

兴安升麻长至30厘米左右时,进行采收,选嫩茎叶摘下,即可包装上市。兴安升麻应进行留母茎采收,即从采收第1年起每丛保留母茎3支,以便供其营养生长为根部积累养分,有利于下1年春季萌发。采收可用剪刀剪取幼嫩部分,捆把销售。兴安升麻是雌雄异株植物,7月中旬至8月下旬种子成熟,应选择健壮无病虫害的雌株进行采种,种子采收即可播种。如春季播种可将种子封入种子袋内,置于室外冬贮或放入窖内及其他温度较低处贮藏。

第六节 藿香

藿香，唇形科，别名巴蒿（图5-6）。

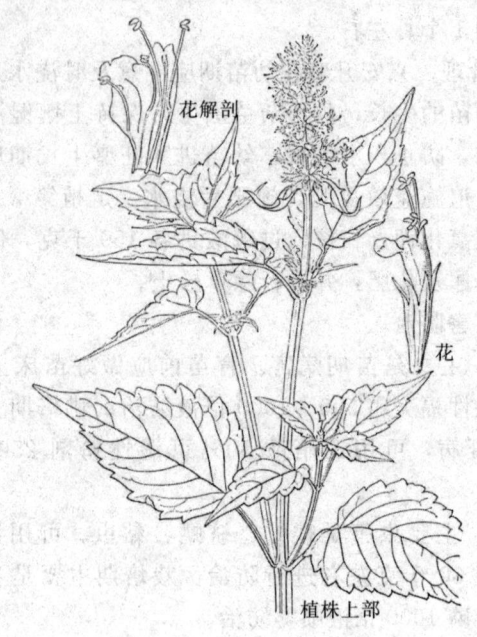

图5-6 藿香

一、形态特征

多年生草本，茎直立，四棱形，单叶对生；有柄，叶片呈心状卵形至长圆状卵形，基部心形，先端尾状长渐尖，钝齿缘，两面微被柔毛及腺点。轮伞花序在主枝及侧枝上密集成顶生的穗状花序。花期7~9月份。

藿香对温度适应能力较强，较耐低温，喜光，在开花结实期需充足的光照。对土壤要求不严，适于在排水良好的沙质壤土地块，忌高燥地。种子寿命2~4年，故隔年种子可以播种，种子萌发需要光照条件，喜生长在温暖湿润气候，土壤疏松肥沃和排水良好的山坡、林间、山沟溪旁、路边、房舍附近。

二、栽培技术

1. 选地整地　藿香幼苗怕光，应选避风的林间坡地、河旁冲积地、土壤排水良好、土层深厚，富含腐殖质和 pH 值为 6 左右的沙壤土。播种前 1 个月左右先翻地，并施入优质农家肥做基肥，在播种前几天把地耙细，整平起垄，垄宽 40 厘米左右。

2. 繁殖方法　常用的方法为育苗移栽和大田直播。

（1）育苗繁殖　育苗盘育苗时，用珍珠岩和蛭石按 1∶1 比例混合均匀，装入育苗盘，在其距上口 1 厘米处刮平，将种子均匀撒播，覆土 1 厘米，浇透水，保持湿润，6 天左右即可出苗；苗高 5 厘米时进行分苗，用尖筷子夹住根尖，插入土壤，扶正植株，根部稍压实，浇透水，加遮阴网遮阴 3 天即可正常管理。大田育苗方法，选土质疏松肥沃、排灌条件良好的平坦地块作床，床宽以 1.5 米为宜，床长根据播种面积而定。然后在测好的床内向下取土 10 厘米，铺上厚度为 1.5 厘米左右的稻草，再在上面铺腐熟的优质农家肥与沙壤土的混合物 8.5 厘米左右，农家肥与沙壤土的混合比例 3∶1 为宜。在床四周围用木板固定，把床固定、压实即可播种。把种子与少量细沙混合拌匀后均匀地撒在床内，再在上面撒一层细土，铺一层稻草，然后开始浇水，浇到畦面的水能停留一会儿再渗下为度，最后插上弓架，盖塑料薄膜。出苗前要保持床面湿润，温度在 20℃ 左右为宜，出苗后浇水酌减。

（2）露地栽培　选排水良好的耕地，深翻 20 厘米，耙平做 1 米宽的畦，在畦内开小浅沟，沟心距 20 厘米，沟深 2 厘米，然后将种子和细沙均匀拌和后播在沟内，播后覆土。撒播时在畦面上搂浅沟撒播、覆土，稍镇压，播种时要求土壤湿润。

3. 田间管理　栽植后应及时间苗，以免幼苗生长过密，株高 10 厘米时结合间苗收获，并追肥 1 次，保持株距 12 厘米，随间苗随除草、松土。成株后，抗旱能力增强，但怕水涝，积水必须及时排出，待株高 25 厘米以上，可整株用镰刀距地面 2~3 厘米处收获。第 2 年后移栽株距在 40 厘米左右，加强肥水管理，就可以连续收获。

三、病虫害防治

1. 病害防治　主要病害角斑病、褐斑病、根腐病。角斑病发病初期用波尔多液喷洒 2～3 次即可。在雨季褐斑病发病严重，危害叶片，发病前喷波尔多液 2～3 次。在高温多雨及排水不良时根腐病发病严重，危害植株根、茎，可采取及时挖除病株并集中烧毁的方法，发病处用石灰消毒。

2. 虫害防治　主要虫害有蚜虫、地老虎、蝼蛄。蚜虫危害茎、叶，可采取清理园地，将枯株残叶深埋或烧毁，发生时用鱼藤精喷洒，每 7～10 天喷 1 次。地老虎、蝼蛄等可采用毒饵诱杀或人工捕杀。

四、采收

当藿香长至 10 厘米左右时即可采收，主要采摘其嫩茎部分，采摘部位下面至少要有 3 片叶，这样采摘后，下面的叶腋还可以长出嫩茎，由原来的 1 枝长成 2 枝。当新长出的 2 枝到 10 厘米左右时即可进行第 2 次采摘，采摘方法同第 1 次，只有这样才可以长期食用藿香的嫩茎。6～7 月份当植株花序抽出而未开花时，将全株割下晒干。种植当年只采收 1 次，于秋季进行，第 2 年于 6 月份和秋季各采收 1 次，采收时平地面割下全草，去杂质，除去残根及老茎，摘下叶，先洗净，微晒后，阴干。将茎用水润透，切段，晒至七成干后，阴干，然后与叶和匀；取老茎，用水浸润透，切片晒干。

第七节　稚隐天冬

稚隐天冬，百合科，别名龙须菜、山苞米（图 5-7）。

一、形态特征

多年生草本，高达 1 米，根细长稍呈肉质，茎上部和分枝具纵棱，叶状枝窄条形，镰刀状，通常3～7枚成簇，近锐三棱形，上部扁平，叶鳞片状，近披针形。花单生，雌雄异株，黄绿色，浆果呈球形，果熟期红色。花期6～7月份，果期8～9月份。

喜湿润温暖的环境，多生于林缘、林下或草丛中。

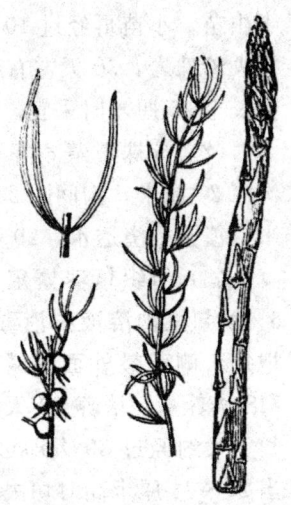

图5-7 稚隐天冬

二、栽培技术

1. 选地整地 一般选土质疏松、透气性好、土层深厚、排水良好，并有一定保水、保肥力的沙土或壤土为宜，透气性差的重黏土和耕层浅、底土坚硬的土壤，易使嫩茎畸形或弯曲，强酸性或强碱性的土壤也不宜种植。选好地块后，首先要整平土地，按南北行向隔1.8～2米，挖宽40厘米、深50厘米的定植沟，在沟内施入堆肥，与土壤混合均匀，然后将翻出的表层土填入沟内约20厘米，以备定植。

2. 繁殖方法 稚隐天冬可以采用分株繁殖和种子繁殖，分株繁殖可保持优良性，但繁殖系数小，繁殖速度慢，现在大面积栽培均用种子繁殖。

（1）种子繁殖 稚隐天冬种子角质化高，直接播种时，吸水发芽缓慢，应在播前7～9天，用30℃～40℃温水浸种48小时，每天搓洗换水1～2次，当种皮稍胀裂后放在25℃～28℃下催芽，当种子出芽率达15%左右时即可播种。

露地育苗每40厘米开一浅沟，深2厘米，沟内每隔7～10厘米播1粒种子，覆土后浇水，并经常保持湿润。保护地育苗时按株行距各10厘米点播。

用育苗盘育苗，首先在育苗盘装入珍珠岩，将稚隐天冬种子均匀撒播或点播，间距2厘米，覆珍珠岩，浇消毒水，保湿，10

天出苗，小苗再经过 10 天可进行分苗，移入装营养土分苗钵中，抖去珍珠岩，30 天左右移栽到大田进行正常管理。第 2 年后当嫩苗长至 25 厘米时采食。

（2）分株繁殖　春季挖取稚隐天冬的根茎，在畦间开横沟，沟深 20 厘米，沟间距 25 厘米，将其分根，沿沟摆放，间距 25 厘米，覆土、浇透水，20 天左右出苗。

（3）组织培养繁殖　首先在田间选取优良雄株嫩茎，浸入 5% 次氯酸钠溶液中消毒 7 分钟，取出用无菌水冲洗几次，然后把每个侧芽最外面的鳞片去掉，将侧芽切出放入试管中，采用 MS 培养基，培养 10 天左右，不经过产生愈伤组织茎叶即可伸长。大约经过 30 天即可伸长 3～5 厘米，生有 5 个左右的侧芽。当 20～24 厘米高时切去顶端 3 厘米，切口以下 3～12 厘米处的侧芽是发茎叶的最好部位。利用初代培养，经过 30 天以后生成有 2～3 个茎叶新梢的材料，切段进行反复扩繁。每代生育时间 30～40 天。培养室温度应控制在 27℃ 左右。健壮的试管苗高不超过 10 厘米，根长不少于 5 厘米，并有须根。将试管苗移植到盛有蛭石的塑料钵中，罩塑料袋保温，在开始的 7～14 天中喷雾保湿，室温控制在 25℃ 左右，当枝梢开始生长时，再移植到温室中生长，4 月份后定植田间。

定植的行距一般为 1.8 米左右，株距为 30～40 厘米，按行距挖深 50 厘米、宽 30 厘米的定植沟，放苗入沟，使根系舒展，覆土 6～10 厘米，栽后浇水。以后结合中耕除草，逐渐向根部培土，当生长 2 年后平沟，在行距一定的情况下，株距对产量有较大的影响。

3. 田间管理　栽后浇定植水和缓苗水，半月以后，再浇 1 次水。覆土 4～5 厘米，进入雨季后，一般不再浇水，当植株出现黄绿色有徒长迹象时应适当控制浇水，为保证幼苗苗壮生长，结合中耕及时除草，注意防治病虫害，当长至高 1 米时打顶，冬季地上部植株枯黄后即可割去或早春割株，烧毁防病，封冻前浇透水,以利越冬。进入采收期后每年早春在稚隐天冬株旁培土,使即将伸长的嫩茎不见阳光,形成白色柔嫩的产品。培土可分次进行,每次培土厚5～10厘米,培土总高度应高出茎长5～7厘米,一般收获的茎长18厘米左右,培土高23厘米,培土过高,嫩茎生长慢,基部易老化,顶端也易散头。培土成梯形垄,一般2～3年生株的垄顶宽20厘米左右,4年以上的植株,垄顶宽25～35厘米,取行间表土培土,不挖深沟,以防铲断肉质贮藏根。培土用的土要细松、洁净,以保嫩茎形直,洁白无污斑,土垄要平整,稍拍实,防漏光和崩塌。春季培土前不浇水,采收前期温度也较低,尽量少浇水,以免地温降低,造成嫩茎弯曲或空心。进入采收中期,气温生高,嫩茎生长快,应及时浇水,保持土壤湿润是确保嫩茎丰产和提高品质的关键之一,干旱时10天浇1次水,隔沟浇水,不影响采收操作。施肥培垄后浇1次水,秋季生长期每7～10天浇1次水,肥水充足时植株生长良好,多形成地上茎枝和地下鳞茎,为下年丰产奠定基础。抽花茎后不留种者,应及时摘除花蕾和幼条,适量去除多年生株丛中拥挤的老弱病枝,以利通风透光,也可行间插杆或拉绳防植株倒伏。

三、病虫害防治

1. **病害防治** 主要有褐斑病、立枯病、炭疽病。防治主要方法有采取秋季彻底清除田间病残体,集中烧掉或深埋的措施;春季出苗前用硫酸铜液喷洒地面;加强栽培管理,实行配方施肥;避免植株过于茂盛。褐斑病发病早期要及时剪除病部,并喷洒波尔多液保护,生长季用代森锌、甲基托布津或万霉灵药剂交替使用,共喷2次～3次。立枯病发现病苗后,用百菌清可湿性粉剂或杀毒矾可湿性粉剂或美曲膦酯粉剂,每7～10天喷1次,连续2～3次。炭疽病可结合褐斑病的防治。

2. **虫害防治** 主要虫害有蓟马和地老虎。防治可采用减少越冬基数,清除田间枯枝残叶,集中处理烧毁的方法。对蓟马药剂防治,可在成、若虫期喷七星保乳油或氯马乳油,每7～10天喷

1次,连续2次~3次,采收前7天停止用药。地老虎可采用人工捕捉,也可用辛硫磷乳油进行地面喷施。

四、采收

收获季节,每天黎明时进行巡视田间,发现土面有裂痕,即为幼茎即将出土的标志,可扒开裂痕处表土,确定幼茎位置,插入特制的掘刀,在离地下茎2~3厘米处切断,使幼茎长度在18厘米以上。割取时不要损伤地下茎,收割后的空洞应立即用土填平,整平垄面,以利于下次容易发现土面的裂痕。采收后期,气温高,幼茎伸长速度快,应每天早晨和傍晚各采1次,采下的嫩茎遮光保湿并立即装箱,以防止照光着色。

春季采稚隐天冬嫩株做菜,味清香,稍带甜。采嫩茎叶直接在炭火上烤,待熟透后即可食用,味道清香,如鲜玉米,故又称"山苞米"。鲜菜洗净,入沸水焯6分钟,用清水冲洗后,放冷水中浸泡,待凉透后即可蘸酱、炒食,也可做腌渍菜或蒸食。

第八节 菊 花 脑

菊花脑,菊科,别名菊花叶、甘菊(图5—8)。

一、形态特征

多年生草本,茎直立、绿色、半木质化,高30~40厘米,具地下匍匐茎,多分枝。叶互生,卵形或椭圆形,光滑或近无毛,叶缘具粗大的复锯齿或2回羽状深裂,先端短尖,叶基稍缩成叶柄。头状花序生于枝端,集成圆锥状,总苞半球形,外层苞片较内层苞片短,舌状花黄色、披针形。瘦果,种子小,灰褐色。花期10~11月份,果期12月份。

菊花脑喜冷凉的气候条件,较耐寒怕热,冬季宿根越冬,不择土质,耐贫瘠和干旱。菊花脑为短日性植物,较短的日照条件会促进花芽分化,易提早抽薹开花。较长的日照则有利于营养体生长,喜强光照,强光下有利于茎叶生长,弱光则生长不良。耐旱能力强，要获得高产，虽然需要较充足的土壤水分，但水分过多将妨碍植株生长，田间不能积水，雨季必须及时排涝。对土壤要求不严，适应各种土质栽培，但在肥沃、疏松、排水良好的土壤中生长更为健壮，产量高，质量好。生长期间要多次采收嫩茎叶，需氮肥较多，追肥应以氮肥为主。

二、栽培技术

1. 选地整地　播前选择排水良好、土层疏松的肥沃壤土和冬耕冻垡的熟化土壤，耕耙、疏松、平整，做宽1.2米、高20厘米的畦，将畦面再次翻耕细耙、平整土壤，镇压，浇透水，待水渗下后，撒一层细土。

图5-8　菊花脑

2. 繁殖方法

(1) 种子繁殖　可以采用撒播或条播，条播时行距为30厘米，撒播后将畦面拍平，覆上一层细土。播时将种子掺入少量细沙混均，播后镇压，覆土，盖地膜，保温保湿，10天左右出苗，撤去地膜。播后应经常保持土壤湿润，以促进发芽，提早出苗。齐苗后要及时间苗，剔除的苗也可用于移栽定植。幼苗长出2~3片真叶时开始间苗，株距30厘米，间出的苗也可用做种苗移栽，当苗高15厘米时采收，用刀齐地割取嫩梢或用手掐取。

(2) 分株繁殖　于早春挖出越冬植株分栽，每穴栽5株，穴距25厘米，栽后浇透水，苗高15厘米，用手摘取嫩梢食用。在4月份上旬把已经采收过的菊花脑植株根部土壤挖开，露出根颈部，将已有根的侧芽连同一段老根切下，移栽于大田。也可以把整个菊花脑植株挖出，直接分成数株，栽于大田，栽植密度为30

厘米×30厘米，分株栽植后应及时浇水。

（3）扦插繁殖　将育苗钵装入珍珠岩，经消毒处理，剪取菊花脑嫩梢进行分段，每段15厘米，扦插在育苗钵中，插入珍珠岩7厘米左右，将插入部分的叶子剪去，扦插后浇透水，保持珍珠岩湿润，15天左右成活，成活后可移入大田。

（4）组织培养　菊花脑的幼茎和幼叶均可作为外植体来进行组织培养，幼苗接种于MS＋6－BA 1.0毫克/升＋IAA 0.5毫克/升＋0.7％琼脂＋30克/升蔗糖培养基中，10天后切段，两端膨大并长出淡绿色愈伤组织，4~5天后有小芽长出。将叶片接种于MS＋6－BA 1.25毫克/升＋IAA 0.25毫克/升＋0.7％琼脂＋30克/升蔗糖培养基上，15天后边缘膨大，随后开裂，1个月后在叶缘裂口处直接长出小苗。将幼苗长出的芽和叶片长出的小苗转入MS＋NAA 0.25毫克/升＋0.7％琼脂＋30克/升蔗糖或MS＋6－BA 0.5毫克/升＋0.7％琼脂＋30克/升蔗糖培养基上可长成完整的植株。经炼苗，即可移入土壤中栽培。

3. 田间管理　播种后或移栽后视天气情况多次浇水，以利出苗或活棵。在生长期间要求经常保持田间湿润，以利生长和保持鲜嫩。多雨季节，应注意防涝，切忌田间积水造成烂根。开始采收后，每采收1次都要追施1次肥料，每次追施稀粪水，多年生栽培的，初春将老秸割除，深施复合肥1次，浇1次透水，让其生长，及时拔除田间杂草，也可结合中耕锄草，中耕深度以3~4厘米为宜。菊花脑1次种植可以连续采收3~4年，实现多年生栽培。

三、病虫害防治

主要是蚜虫为害，可用蚜虱净喷雾防治。

四、采收

菊花脑以茎梢脆嫩，用手可折断为采收标准，通常嫩梢长10厘米左右。第1~2次采收用剪刀剪取嫩梢，以后植株生长较旺时可用刀割。一般每隔10~15天可采收1次。采收时注意留茬高度，保证有足够的芽数，以利提高菊花脑后期产量，留茬高度随季节变化而不同,春季留3~4厘米,夏季留6~7厘米。

第九节 反枝苋

反枝苋,苋科,别名苋菜(图5-9)。

一、形态特征

1年生草本,根白色,较茎稍粗,其茎直立,多分枝,具钝棱,密生细毛。单叶互生,具柄,叶片卵形;椭圆状卵形或菱状卵形,基部楔形,先端尖、钝或凹入,顶端具1小芒尖,两面及边缘具柔毛。圆锥花序顶生及腋生。花期7~8月份,果期8~9月份。

喜温暖气候,耐热性强,不耐霜冻。10℃以下种子发芽困难,20℃以下,植株生长缓慢,生长的适温为20℃~25℃。反枝苋是一种高温短日照作物,在高温短日照条件下极易开花结子。对土壤要求不严,以偏酸性土壤生长较好,具有一定的抗旱能力,多生于庭院、路边、荒地。

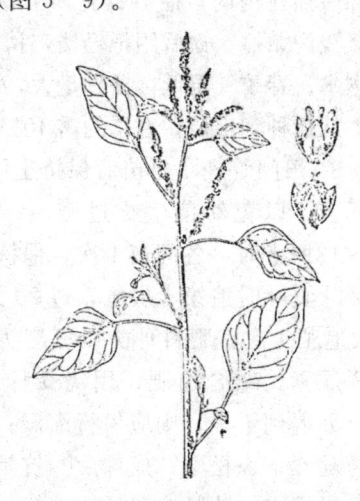

图5-9 反枝苋

二、栽培技术

1. 选地整地 应选择地势较平坦、排灌方便、杂草较少的适宜土壤种植。选基肥可施用腐熟的有机肥,加入过磷酸钙,与表土混合均匀,翻耕15~20厘米深,整细整平土表,做成宽约1米的平畦,准备播种。

2. 种子繁殖 春播抽薹开花迟,生长期长,品质柔嫩,产量高;夏季播种易抽薹开花,品质粗老,产量较低。露地栽培反枝苋，在 4 月下旬至 8 月上旬均可播种，进行塑料大棚栽培时，全年均可播种。播种方法多采用撒播。

露地栽培在春季气温稳定在 15℃ 以上时播种，在畦内开小浅沟，沟心距 20～25 厘米。沟深 2～3 厘米，然后将种子和细沙均匀拌和后播在沟内，播后覆土，土厚 0.3～0.5 厘米。撒播时在畦面上搂浅沟撒播，播后用耙轻搂，稍加镇压，使种子与表土混匀，后浇透水。春季气温低，播种量大，夏秋季节发芽温度适宜，播种量小。从播种到出苗，春季约需 10 天，夏秋季节需 3～5 天。

3. 田间管理　出苗后保持土壤湿润，及时除草。出苗后应及时间苗，以免幼苗生长过密，纤细柔弱，于苗高 5～6 厘米和 10～12 厘米时，各间苗 1 次，保持株距 10～12 厘米，一般在幼苗有 2 片真叶时追第 1 次肥，过 20 天左右追第 2 次肥，以后每采收 1 次追肥 1 次。肥料种类以氮肥为主，可施用稀薄的人粪尿液或施入尿素，结合追肥，用浇粪稀水代替浇水，不再单独灌溉清水。如遇到干旱，则应另行灌溉；遇雨涝时，及时排水防涝。随间苗随除草、松土，成株后，抗旱能力增强，但怕水涝，积水必须及时排出。待株高 25 厘米以上，可整株连根拔起或用镰刀距地面 2～3 厘米收获。反枝苋是 1 次播种，分批采收的叶菜，第 1 次采收为挑收，即间拔一些过密植株，以后的各次采收用刀割收嫩茎叶即可。反枝苋具有一定的抗旱性，但充足的水分供应是获得高产优质的保证，因此，应经常保持田间湿润。

三、病虫害防治

1. 病害防治　主要病害为白锈病、褐斑病、炭疽病、病毒病。防治时可采用合理肥水，及时排出田间积水，选用抗病品种，在无病区或无病株上采种，在播种前用磷酸三钠浸种 20 分钟，漂洗后再进行催芽，适时早播，覆盖地膜，施足底肥，增施磷、钾肥，提高植株的抗病性。药剂防治白锈病，该病一般于 6 月上旬开始发生，高温高湿条件发病重，防治可用代森锰锌、甲基托布津、粉锈宁喷洒；褐斑病、炭疽病在发病初期可喷农抗 120 或甲基硫菌灵可湿性粉剂,每隔7~10天喷1次,连喷2~3次。

2. 虫害防治　虫害主要为蚜虫、蝼蛄、菜粉蝶、菜蛾。蚜虫可用乐果喷雾防治;蝼蛄每亩用50%辛硫磷1.0~1.5千克掺干细土15~30千克充分拌匀,撒于菜田中或沟施。菜粉蝶、菜蛾用苏云金杆菌或灭幼脲或美曲膦酯喷杀。

四、采收

1. 采收　第1次采收为挑收,即间拔一些过密植株,以后的各次采收用刀割取幼嫩茎叶即可。采收时基部留桩约5厘米,以利发枝供下次采收。春茬反枝苋一般是植株高10厘米,有真叶5~6片叶,进行第1次采收,长到20~25片以后再进行第2次采收,待侧枝萌发长至15厘米时再行第3次采收。秋播反枝苋播后约30天采收,一般只采收1~2次。留种的反枝苋栽培管理与普通反枝苋相似,只是在采收时应间拔部分植株,留下的植株保持株行距25厘米×25厘米,种株不进行采收,开花结子成熟后割取花序,晾干脱粒精选,贮存备用。

2. 加工　春季采嫩茎叶可炒食、炖或凉拌,也可晒成干菜,供冬季食用;老茎可腌渍或蒸食。在反枝苋开花前,将嫩茎叶洗净,用沸水焯5分钟,用凉水冷却,沥净水即可炒食、熬汤。如制作菜干,可将焯过的嫩茎叶晒干备用。如当作牲畜饲料,可随时割取,生喂或煮熟喂均可。

第十节　石刁柏

石刁柏,百合科,别名芦笋(图5—10)。

一、形态特征

多年生直立草本,高可达1米,根梢呈肉质,茎平滑,上部在后期常俯垂,分支较柔弱,叶状枝每3~6枚成簇。叶鳞片状,基部具刺状短距或近无距。花腋生,单性,雌雄异株,绿黄色,浆果球形,成熟时红色。

喜冷凉的气候条件，耐低温，耐旱，对土壤适应性广，以有机质丰富、排水、透气良好的壤土为好，黏重的土壤和地下水位高的地区不宜栽培。

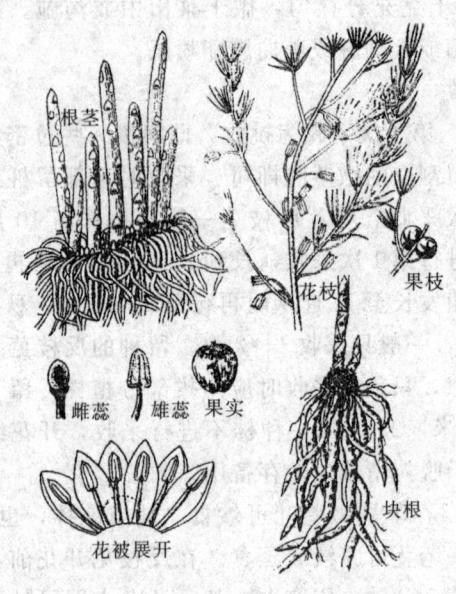

图 5-10 石刁柏

二、栽培技术

1. **选地整地** 苗地要选择富含有机质、肥沃的沙质壤土。施土杂肥、尿素、过磷酸钙、氯化钾。另外再加施适量的石灰，以消毒土壤，减少病虫。经精细犁耙后做成高 15~18 厘米、宽 1.5~1.8 米的苗床。苗床中横开深 2~3 厘米的播种沟，沟距 40~45 厘米。

2. **繁殖方法** 种子繁殖：播前必须洗种浸种催芽，先用凉水对种子进行漂选，去掉不成熟的瘪种和虫蛀种子，洗掉种子表面蜡质。然后用"多菌灵"对水浸种，经 24 小时后捞起洗净，再用 30℃ 左右的温水浸 2 天，每天换水 1~2 次，待种子充分吸水后，将水滤去，放在盆中进行催芽。当种子有 10% 左右出芽时即可播种。播种按 5~7 厘米的距离 1~2 粒播于播种沟内，播后盖土1厘米,再盖一层薄稻草。出苗前每天早晚各淋1次水,以保持苗床湿润,出苗后要除掉盖草;出苗20天时施1次腐熟的稀粪水,以后每月施1次肥,主要施尿素、氯化钾,苗床切忌渍水。

3. 田间管理　由于石刁柏生长期较长,同时边抽茎边采收,消耗大量的养分,为了达到春催芽、夏旺枝、秋高产、冬保茎的目的,必须施足肥料,满足它对养分的需要。施肥方法以有机肥为主,薄施勤施速效肥,结合喷施微量元素,移植后半个月施稀粪水,连续3次。每年开春后要施催芽肥,施土杂肥,猪粪,过磷酸钙。9~10月份采收期间每隔20天应补充施1次速效肥。另外,在采笋期间可以每隔10天用钼酸铵对水和磷酸二氢钾对水喷施,才能满足石刁柏生长的需要。

三、防治病虫害

1. 病害　主要病害有褐斑病、茎枯病、根腐病、立枯病、锈病。褐斑病喷洒波尔多液或用代森锌喷治。茎枯病用波尔多液或退菌特,每隔7~10天喷1次,连续2~3次可治好。防治根腐病一旦发现病株,应立即将其根株掘出烧掉,同时对受害株附近的土壤消毒。立枯病的防治方法与根腐病相同。锈病防治要选通风排水良好的土壤和选用抗锈病品种,烧毁已发病的病株,并喷洒百菌清水溶剂和敌菌丹水溶剂。

2. 虫害　主要有斜纹夜蛾、金针虫、蚜虫,地下害虫有地老虎、蝼蛄、蛴螬。毒杀斜纹夜蛾可用敌敌畏,每10天喷1次,连续数次。金针虫防治可在春秋两季成虫活动最盛时用敌敌畏拌细土撒于地面。石刁柏甲虫防治则应在采收时,收完全部的茎叶,然后对长起来的幼苗喷洒鱼藤酮粉剂,夏季应适时喷洒砷酸钙粉剂。

四、采收

石刁柏一般种后第2年可开始采收,每年2次,第1次在4~6月,第2次在9~11月。夏季天气炎热,石刁柏质量低劣,产量也低,不适采收。采收之后,应该用手立即把土填入空洞整平。收下的石刁柏要用清水充分清洗，挑除受病害的、弯曲的和畸形的幼芽，然后按标准分级，切成一定长度，捆成1捆并用湿布遮盖，防止光照着色和纤维化使品质变劣。新鲜的石刁柏非常容易腐烂，故采收之后应设法置于6°C以下的条件进行冷藏，以免变质。有条件的，最好立即送到工厂加工和销售。

第十一节 鹿　药

鹿药，百合科，别名山糜子（图5-11）。

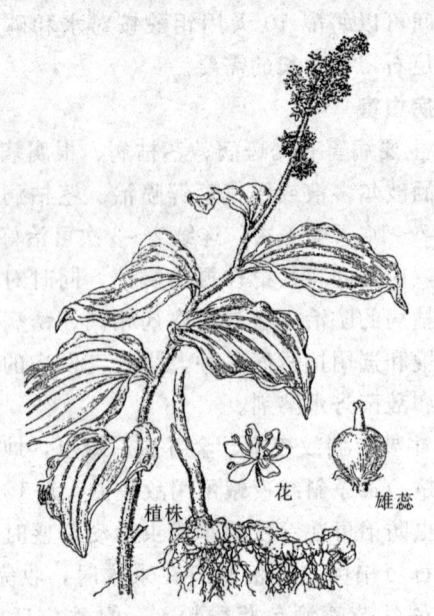

图5-11　鹿药

一、形态特征

多年生草本，根状茎横生，稍呈肉质，茎单一、直立，上部稍倾斜，被粗毛。叶互生，具短柄，叶片卵状椭圆形或宽椭圆形，基部圆形，先端短尖，两面疏生粗毛。圆锥花序，花期6月份，果期7～8月份。

鹿药喜凉爽湿润气候，生于林下、山谷阴湿地。鹿药株型秀美，花序顶生，花白果红，可放置阴面阳台，是较好的观叶、花、果的耐阴花卉。

二、栽培技术

1. 选地整地　选土层深厚、肥沃的壤土，忌低洼地及黏土，深翻30厘米，施积肥，耙平，做1.2米的畦。

2. 繁殖方法

（1）种子繁殖　种子用30℃的温水浸泡4小时，稍凉，待种子半干进行播种。在畦间开间距15厘米的浅沟，然后将种子均匀播入沟内，播后覆土0.3厘米，上盖草帘，经常灌水，以保持土壤湿润，可种植在果树及林下。

（2）组织培养　从植株上剪取幼嫩的叶片，进行常规消毒，剪成宽0.1厘米，长1厘米的小片，接种在MS＋6－BA 0.5毫升/升＋2，4－D丁醋2毫升/升＋2％蔗糖的固体培养基上，30天后切口主脉处产生大量的愈伤组织，40天后，愈伤组织转入分化培养基。接种20天后可见不定芽从叶片愈伤组织上分化出，开始1～2个芽，以后陆续产生，形成丛芽，再经15天左右后长出幼苗，再经过根的诱导，根从基部生出，形成完整植株。将小苗移入珍珠岩和蛭石混合的分苗盘中，浇消毒水，20天后可定植到栽培田。经过继代培养，愈伤组织的再分化能力不减，再生植株不产生变异，是保存种质的新途径。

3. 田间管理　畦面干时应及时浇水，保持畦面湿润，雨季挖排水沟，使田块不积水。当苗高5厘米时结合松土间去弱苗、病苗和密苗，当苗高8厘米时结合食用疏苗，定苗株距5厘米，定植后应及时除草、松土。

三、病虫害防治

1. 病害防治　主要病害为斑枯病，发病前可用代森锰锌喷洒防治，7～10天喷1次，全年3～5次。

2. 虫害防治　主要虫害是蚜虫，可用乐果进行防治。

四、采收

4~5月份间采30厘米以下的嫩苗,将鲜菜摘洗干净,用沸水焯一下,换清水过凉,供蘸酱、凉拌、做汤或炒食。

第十二节 香 薷

香薷,唇形科,别名山苏子、小叶巴蒿(图5-12)。

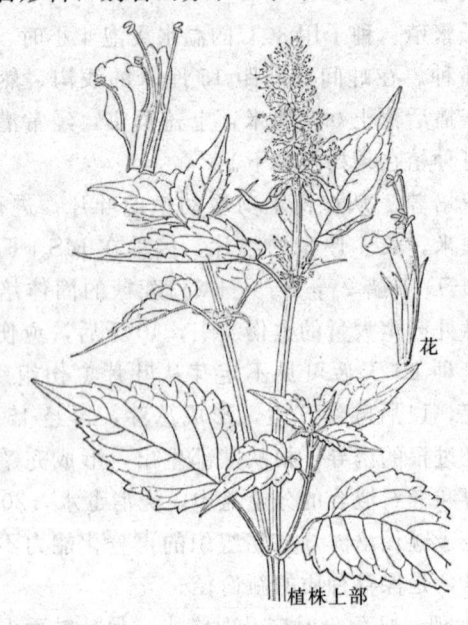

图5-12 香薷

一、形态特征

1年生草本,高30~80厘米,茎直立,四棱形,有短柔毛,通常中部以下分支。单叶对生,具柄,叶片卵形、卵状椭圆形或椭圆状披针形,基部宽楔形,先端渐尖或锐尖,边缘具锯齿,表面绿色,疏被短毛,背面色淡绿,有时带紫色被毛及腺点。轮伞花序生于茎顶及枝顶呈长穗状,偏向一侧,苞片宽卵形或近圆形,萼钟状,萼齿5裂,前2齿较长;花冠二唇形,粉紫色或蓝紫色,上唇直立,2裂,下唇3裂;雄蕊2外伸;花柱先端2裂。小坚果倒卵状椭圆形,棕褐色。花期7~9月份,果期8~9月份。

香薷喜温暖、湿润气候,植株耐寒性极强,在零下2℃仍然能保证安全,植株收割后,根部可以耐零下35℃严寒,次年春根可萌发6~8条新枝。抗性强,种子容易萌发,发芽适温15℃~20℃,在较高温度下,种子萌发受抑制。对土壤要求不严,以排水良好的壤土为佳,苗期怕积水、干旱和盐碱。常生于路旁、田边、山沟溪旁。

二、栽培技术

1. 选地整地 选择向阳、排水良好、有灌溉条件的地块或前茬为谷类、豆类、蔬菜的田地,翻地20厘米,翻前施入农家肥,垄作行距40厘米,或做成平畦,畦宽1.2米,由于种子粒很小,一定要把地整平耙细。

2. 繁殖方法

(1) 种子繁殖 春播4月下旬播种,行距20~25厘米,开浅沟1~2厘米,覆土1厘米,稍镇压;用育苗盘育苗时,把珍珠岩和蛭石按1:1混合均匀,装入育苗盘,使其距上口1厘米刮平,将种子均匀撒播,覆土1厘米,浇透水,保持湿润,6天左右即可出苗。苗高5厘米时进行分苗,用尖筷子夹住根尖,插入土壤,扶正植株,将根部稍压实,浇透水。

(2) 露地栽培 选排水良好的耕地,深翻20厘米,耙平做1米宽的畦,在畦内开小浅沟,沟心距20厘米,沟深2厘米,然后将种子和细沙均匀拌和后播在沟内,播后覆土。撒播时在畦面上搂浅沟撒播,覆土,稍镇压,播种时要求土壤湿润。

3. 田间管理 苗高6厘米时应间苗,株距在5厘米左右,间苗后结合施肥浇水,生长过程中及时松土、除草,防止积水。撒播的、小行距条播的要及时人工拔草,也可用化学除草剂防治禾本科杂草,地力较高的地块可以不追肥,地力差的在苗高15厘米追硝酸铵1次,干旱适当灌水。9～10月份种子成熟,采收时应选择带露水时间收获,避免落种,收集好的种子可放通风干燥处贮藏。

三、病虫害防治

1. 病害防治　主要病害有根腐病。在高温多雨季节,低洼积水地易发生根腐病,根下部出现黄褐色锈斑,逐渐导致植株干枯死亡。

2. 防治方法　在低洼积水地块,注意及时排水,发现病株马上拔除销毁,也可与禾本科作物轮作。药物防治可用多菌灵浸种3～5分钟,晾干后播种;用多菌灵或克瘟散,每15天喷1次,连续3～4次。

四、采收

香薷是一种无公害新的调料植物,又是一种传统中药,香薷的市场要求是绿色的叶和茎,鲜干均可,但冬季以绿色的干品受欢迎。采摘的嫩茎叶可放于阴凉处阴干,冬季食用,阴干的茎叶粉碎后做调料,也可把绿色的干香薷粉碎过箩,加工成香薷粉大批量上市。春、夏秋均可采嫩茎叶食用,可炒食、做汤、蘸酱吃,亦可腌渍。

种子采收,可在生产田中选穗大健壮的母株,当上部花序的下部种子已经成熟开始落地时,利用早晨轻轻割掉,放在塑料上晾晒3～5天即可脱粒。采收时间很重要,割早了种子没成熟,割晚了种子都落地了。每公顷可产种子360千克。

第十三节　香　茶　菜

香茶菜,唇形科,别名野苏子、龟叶草(图5-13)。

一、形态特征

多年生草本,高70～150厘米,茎直立,四棱形,微被毛。单叶对生,具柄;叶片近圆形或宽卵形,基部宽楔形,下延成翼柄,先端具深凹缺,内有1尾状尖的顶齿,边缘具粗大的牙齿状锯齿,两面被毛,下面具腺点。聚伞圆锥状花序顶生或茎上部叶腋生;花萼钟状,略呈二唇形,上唇3裂,较短,下唇2齿,较长;花冠蓝色、淡紫色或紫红色,二唇形,上唇4圆裂,下唇不裂;雄蕊4个;花柱伸出,先端2裂。小坚果卵状三棱形,黄褐色。花期8月份,果期9月份。

香茶菜对环境的适应性很强,喜温暖、湿润环境,既耐热又耐寒,耐干旱和贫瘠的土地,对土壤要求不严格,在排水良好、疏松肥沃的沙壤土上生长旺盛且产量高,生于林缘、路旁、沟边、杂木林下、林间草地。

图5—13 香茶菜

二、栽培技术

1. 选地整地 选择湿润、比较肥沃的沙质壤土,翻地20厘米,作畦。

2. 繁殖方法

(1) 种子繁殖 可直播或育苗移栽,温暖季节均可播种,生产上多以春播为主,只收幼苗上市,在早春及冬季可利用日光温室和改良阳畦栽培。因种子细小,播种时最好掺上细沙土混合后撒播或条播。先育苗后移栽,苗床宜用肥沃疏松的菜园土,平整细碎,苗床长度可按需要,做成床宽1~1.2米。先灌透水,待水完全渗下后,均匀地把种子播下,撒上一薄层经过筛的碎肥,然后用稻草或塑料薄膜覆盖保湿。出苗后及时揭去覆盖物,当2叶1心时,间去过密苗,出6片真叶后可移入大田,也可种植在菜园边和屋前后。成片种植时可按行距50厘米、株距30～45厘米定植。

(2) 分株繁殖　春季在植株萌芽前，将老株连根挖起，分割成多株直接栽种，分割时每株至少应有1个芽眼及多条小根。

3. 田间管理　定植初期由于幼苗生长缓慢，要及时中耕除草，以利发根，6～8月高温多雨季节为其旺盛生长期，干旱时应适当灌水，追施速效氮肥2次和过磷酸钙1次，可有效提高产量。

三、病虫害防治

1. 病害防治　主要病害为斑枯病，发病前可用代森锰锌喷洒防治，7～10天喷1次，全年3～5次。

2. 虫害防治　主要虫害是蚜虫。可用氧化乐果进行防治。

四、采收

苗高5～8厘米时，可结合间苗陆续间拔采收，多年生植株于春季萌芽后即可采摘，不宜过大过老，不然口感粗糙。嫩茎叶夏季采摘，采后可腌渍或晒干贮藏。

第十四节　东　风　菜

东风菜，菊科，别名大耳毛、铧子尖菜、毛铧尖（图5-14）。

一、形态特征

多年生草本，高1～1.5米，根茎粗壮，横生，茎直立，圆柱状，下部平滑而薄被白霜，上部渐有毛。单叶互生，基生叶有柄，具狭翼，叶片心形，先端尖，边缘有锯齿或重锯齿，表面绿色，背面灰绿色，两面被糙毛，花后枯萎。茎上部叶有翼柄，叶片卵状三角形，基部心形或截形，先端尖，边缘有锯齿。头状花序排成疏伞房状。总苞半球形，总苞片3层；边花舌状，白色，心花管状，黄色。瘦果长椭圆形，无毛，冠毛淡棕黄色。花期8～9月份，果期9月份。

东风菜喜冷凉湿润的环境，生于柞树林下、林缘灌丛及林间湿草地。

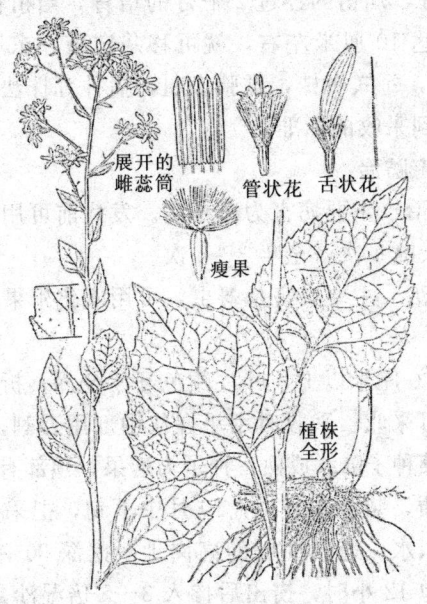

图5-14 东风菜

二、栽培技术

1. 选地整地 以土层深厚、湿润肥沃的林间沙壤土为佳，深翻20厘米，施基肥，耙平，做宽1米的平畦。

2. 繁殖方法

（1）种子繁殖 播种9月末至10月初，按行距25厘米条播，翌年受早春一冻一化的温度影响，使种子很快通过休眠阶段，迅速萌发，东风菜种子萌发率可达95%。春季播种，将种子用40毫克/千克的赤霉素浸种4小时后播种，15～20天出苗。

（2）分株繁殖 东风菜挖根株，进行分株繁殖，可在秋季进行，在第2年春季扣棚移栽，可提前上市。东风菜定植后，应及时浇水、除草，在缓苗后15～20天，追氮肥1次，以促进幼苗生长。春季肥水管理是东风菜栽培的关键，生长中后期应及时中耕除草和补施磷、钾肥。

3. 田间管理 按时浇水、除草，过密的间除，苗间距保持在3厘米左右为好，幼苗约经过2个月的培育，当植株生长出4～6片真叶，苗高达10厘米左右，就可移栽定植。东风菜行株距10厘米×15厘米，每穴1株，试验表明，播种育株法，须满2年生育周期才能达到采收的标准。

三、病虫害防治

1. 病害防治 主要病害为斑枯病。发病前可用代森锰锌喷洒防治，7～10天喷1次，全年3～5次。

2. 虫害防治 主要虫害是蚜虫，可用氧化乐果进行防治。

四、采收

当植株高30厘米以上，叶片颜色开始变深，折断叶柄有少量纤维素时，即可采收。采收时用手握住中部用刀割，捆把上市。9月中下旬东风菜种子陆续成熟，种子为瘦果，顶部有毛，采收以后要晒干，去杂质，装纱布袋内，10月中下旬，把采收的种子进行沙藏。选择不积水，通气性好的高岗地，挖深30～35厘米沙沟，种子用清水浸泡12小时，捞出后掺入3～5倍湿沙，以手握成团，不滴水，拌匀后放入沟内，覆土高出地面15～20厘米。每隔15～20天撤去覆土，将种子上下翻动1次，直至封冻为止。

第十五节 清 明 菜

清明菜，菊科，别名鼠麴草、鼠耳草、佛耳草（图5-15）。

一、形态特征

1年或越年生草本。高10～40厘米，基部多分支，直立或斜生，密被白色绵毛。基部叶于花后凋落，中部叶互生，匙形或倒披针形，顶端圆钝，有尖头，基狭窄，边缘近全缘或略呈波状，基部抱茎，有时两侧稍下延。头状花序很小，多数排列成伞房状，簇生于顶端，总苞球状钟形，黄色，干膜质，花为管状花。瘦果细小，椭圆形,表面棕色,密布疣状突起,有光泽。

清明菜喜温暖湿润的环境,多生长于海拔较低的干地和收获的水稻田间、路边、田埂,以及丘陵、低山坡的潮湿草丛中,对土壤要求不严格,在肥沃地生长的植株粗壮宽大。

二、栽培技术

1. 选地整地　清明菜喜潮湿较肥沃的土地,种植时应选灌溉方便的田地或菜园边地。冬前施腐熟农家肥或堆肥与表土混合后,深翻耙匀,整平地面后作畦,做成宽1.2~1.5米的平畦,上冻前浇足冻水。

图 5-15　清明菜

2. 繁殖方法　种子繁殖:待种子成熟时采收,摘下果枝,晒干后搓出种子,去净杂质,贮于通风干燥处备用。种子收获后在室温条件下用牛皮纸袋贮藏至7月份左右,再转入30℃冰箱内贮藏。清明菜种子易萌发,但发芽率低,不同温度对种子萌发有一定影响,发芽适温为15℃,生产上宜春播。

清明菜的种子在高温下不易发芽,故宜春播。条播可按行距10厘米开浅沟,播种于畦内灌透水,待水渗下后将种子撒下,随后撒一薄层经过筛的细土,以稍盖住种子为度,约0.1厘米厚,因种子萌芽时需光照,可播种后不覆土,只盖塑料薄膜,约3天后,即种子露白萌发时,揭去薄膜,撒一层细土。

3. 田间管理　清明菜苗期生长较慢,出苗后注意拔除杂草,保持畦面土湿润,土干的及时浇水便可,如播种前已施有基肥,一般不再追肥。

三、病虫害防治

清明菜少见病虫害，不必使用农药。

四、采收

春季采摘嫩茎叶，用清水洗净或用开水烫一下，即可煮食，也可捣汁做饼食用。民间常于清明前后采摘嫩苗煮熟，揉米粉做糕团，味甚甜美，香糯可口。清明菜地上部分可入药，开花时采收，去掉杂质，晒干。

第十六节 藜

藜，藜科，别名灰灰菜、灰菜（图5—16）。

一、形态特征

1年生草本，高40～150厘米，茎直立，具条棱，通常多分支。单叶互生，有长柄，叶片棱状卵形、卵状三角形或长圆状三角形，基部楔形或宽楔形，先端急尖或稍钝，边缘具不整齐锯齿，有时缺刻状，表面通常平滑，背面多被白粉。花两性，黄绿色，数朵至十朵聚成团花簇，花簇互生；花被片5裂；雄蕊5个，超出花被，花柱短，柱头2裂，线形。胞果扁球形，包于花被内，成熟时花被张开，果皮甚薄，种子黑色，有光泽。花期8～9月份，果期9月份。

藜对环境的适应性强，较喜冷凉湿润的环境，耐高温、低温、耐盐碱，4℃～5℃时种子可缓慢发芽，22℃～25℃发芽良好，在均温14℃～16℃生长最快。花芽分化和抽薹要求长日照条件，对土质要求不严格，对盐碱地有较强的适应能力，在肥沃的地块生长旺盛，因其能多次采收，应增施基肥。常见于村旁、路旁、荒地。

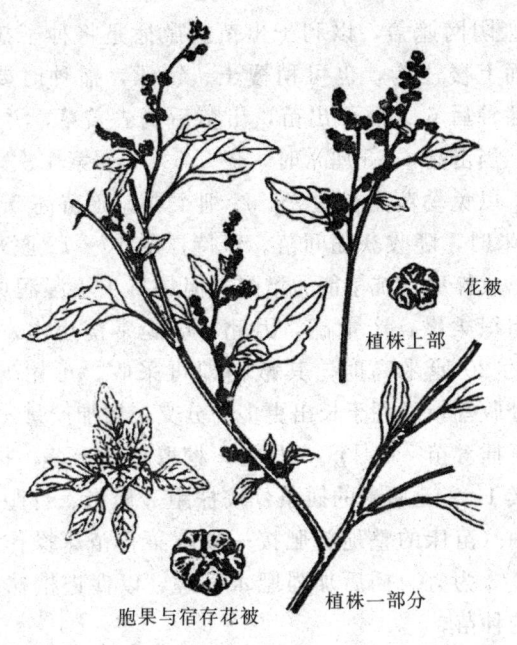

图 5-16 藜

二、栽培技术

1. 选地整地 藜适应性强，耐盐碱，一般土地均可种植。应选向阳菜地深翻 23～27 厘米，曝晒数日，及时打碎土块，如果耕层浅，整地粗糙，播种后根系发育不良。于播种前均匀施入腐熟积肥和水溶性好的复合肥，肥土混合后，整地作畦，畦宽 1.5 米，既方便田间管理，又有利于排水防渍和沟灌抗旱。如基肥不足，则幼苗生长细弱，耐寒力差。

2. 繁殖方法

(1) 种子繁殖 藜的种子细小，繁殖力强，早熟栽培以条播为佳。播种前，一般进行浸种催芽，用凉水浸泡种子 12～24 小时，捞出后在 25℃～27℃ 下催芽，3～5 天后胚根露出即可播种。播种方式可采用条播或撒播。条播时开沟距 17 厘米的浅沟，播种前浇透底水，播种后盖薄土，然后盖稻草保温、保湿，亦可在播种后用遮阴网遮盖,以利于出苗。撒播是将种子撒播在畦面上,在畦面上搂浅沟,也可稍覆土、镇压,播种时要求土壤湿润。灰菜播种后6天便可出苗,出苗后揭去盖草,并及时浇水,以防倒苗。当苗高4~5厘米时,浇0.5%的尿素1次,栽植后应及时间苗,以免幼苗生长过密,纤细柔弱。于苗高5~6厘米和10~12厘米时,随收获随间苗。保持株距10~12厘米,及时除草、松土,成株后,抗旱能力增强,但保持土壤湿润可促进其生长,而且组织柔嫩、产量高,因此,应经常浇小水。出苗后30天当幼茎约20厘米高时,其嫩梢即可采收,可用镰刀距地面2~3厘米处收割,以利于长出更多的分支,增加产量。

(2) 扦插育苗 4月底5月初,挖取藜地上茎,抹掉中下部叶片,剪成10~15厘米的插条,按株距5厘米、行距10厘米扦插于苗棚中(苗床的整地施肥按一般蔬菜育苗床操作),深度以插条入土2/3为宜。插后加强肥水管理,以促进植株苗壮成长,获得健壮的种苗。

3. 田间管理 出苗后要及时间苗,保证苗不挤苗,当苗长到5~6片真叶时,结合间苗,可把间除的幼苗上市。每次间苗后,可追施氮肥,收获前3~4天停止浇水。

三、病虫害防治

1. 病害防治 主要病害有霜霉病、炭疽病、病毒病。防治包括及时拔除病株,带出田外进行深埋或烧毁,合理密植,加强水肥管理,降低田间湿度,实行2~3年轮作,在无病植株上选种。播种时可将种子用52℃温水浸种20分钟,立即放入冷水中冷却,晒干后播种。药剂防治霜霉病,应在发病初期用代森锌可湿性粉剂、百菌清可湿性粉剂或杀毒矾进行喷雾,每6~7天喷1次,连续2~3次。炭疽病发病初期,喷多菌灵可湿性粉剂、托布津可湿性粉剂或代森锌可湿性粉剂,各种农药交替使用,每6~7天喷1次,连续3~4次。病毒病在苗期及蚜虫发生期,喷灭蚜松乳油或抗蚜威可湿性粉剂轮流使用,每6~7天喷1次,连续

2～3次。

2. 虫害防治　主要虫害有菜螟、潜叶蝇、蚜虫。农业防治，在收获后深翻土地，间苗时拔除带虫苗烧毁，适时浇水，增加田间湿度，使之不利于幼虫发生。还可选用抗虫品种，利用捕食性天敌、寄生性天敌、利用防虫网等。药剂防治，在菜螟发生幼虫吐丝结网危害心叶时喷药于心叶上，用辛硫磷乳油或菌杀乳油，各药剂交替使用。在潜叶蝇产卵盛期至卵孵化初期用菊杀乳油。蚜虫用避蚜雾可湿性粉剂或水分散粒剂，也可用灭蚜松可湿性粉剂进行喷雾，可在不伤害天敌的情况下防治蚜虫。

四、采收

1. 采收　藜以嫩苗食用，苗高8～10厘米时即可间拔幼苗嫩茎叶，达到10片真叶、株高15厘米时，即可全部收获上市。留种田株行距为30厘米，不采收茎叶，增施磷、钾肥。在寒露到霜降期间，种子成熟时应及时采收，晾晒脱粒。

2. 加工　灰菜嫩苗可阴干后贮藏备蔬菜淡季食用，也可制成罐头。

第十七节 牛尾菜

牛尾菜,百合科,别名龙须菜、鞭秆子菜(图5—17)。

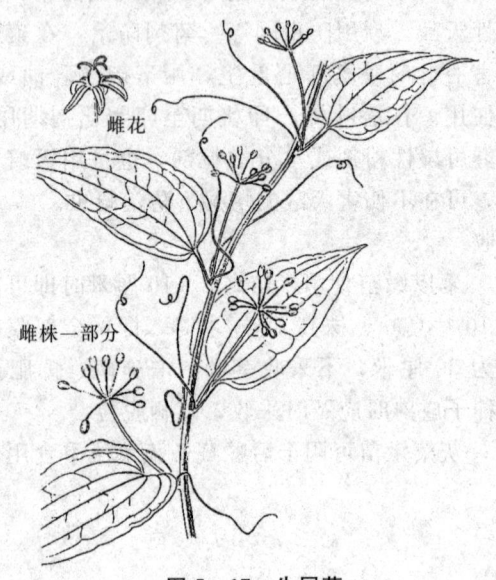

图5—17 牛尾菜

一、形态特征

攀缘状藤本,具横走根状茎,无刺。单叶互生,叶柄基部上方具1对卷须,叶片卵圆形或卵状披针形,基部微心形、圆形或宽楔形,先端急尖,下面绿色,无毛。花单性,雌雄异株,淡绿色。花期6~7月份,果期8~9月份。

牛尾菜适应性强,耐寒耐旱,喜阴湿,对土壤要求不严格,喜有机肥,以疏松、肥沃的沙质壤土生长较好,主要生于林下、灌丛或草丛中,常在油松、栎树、山里红、榛子、忍冬等乔灌木下生存,与铁线莲、山葡萄、穿龙薯蓣等混生。

二、栽培技术

1. 选地整地 选择结构疏松、肥沃的沙质壤土或壤土和黏壤土，因其对水分要求高，耐阴，不耐热，适宜在阴湿的林下、灌木丛和有机质丰富的腐殖质土壤和 pH 值 6.5 左右的环境生长。当春季土地解冻后，应深耕施肥，耙平充分混匀后栽种。

2. 繁殖方法

（1）无性繁殖　压条、分株、切割地下茎繁殖。压条宜两季进行。分株可待地下茎生出根蘖苗后，分割根蘖苗繁殖。切割地下茎可在春季或秋季，将地下横走茎挖出，切成 15 厘米小段埋入种植穴，待发出新植株，小苗长至 5 厘米后，再移栽到栽培地，进行正常管理。

（2）种子繁殖　将种子用清水浸泡 12 小时，捞出后掺入 3～5 倍的湿河沙，沙子的湿度以手握成团，但不滴水为宜，拌匀后，放入沟内，最后覆土高出地面 10～15 厘米。每隔 15～20 天撤去覆土，将种子上下翻动 1 次，直至土壤封冻为止。育苗地应选择平坦、不积水、有机质含量高的沙壤土地块，整地打成 1 米宽的畦，在畦内按行距 10 厘米、开 2～3 厘米的浅沟，均匀撒入种子，播后覆土，用木板压 1 遍，以利于保墒。播后土壤旱情不严重，出苗前一般不用浇水，以防土壤板结，不利于幼苗拱土，最好播后覆盖塑料薄膜保温、保湿，播后 20 天左右可出苗。

3. 田间管理　幼苗出土后，撤去塑料薄膜，要及时进行松土、除草、浇水，苗高 5～7 厘米时进行分苗移栽，行距 20 厘米、株距 10 厘米，随着生长年限的增长和萌发新枝的增多，株行距应根据实际情况调整。多年生的根茎在光、水适宜条件下，萌发新枝的茎生长快，展叶晚，茎较粗壮且鲜嫩，这样的萌发枝适宜于食用。当苗高 20 厘米时进行搭架引蔓，再进行正常的栽培管理。

三、病虫害防治

1. 病害防治　主要有褐斑病、立枯病、炭疽病。可在秋季彻底清除田间病残体，集中烧掉或深埋；春季出苗前用硫酸铜液喷洒地面；加强栽培管理，实行配方施肥，避免植株过于茂盛。褐斑病发病早期应及时剪除病部，并喷洒波尔多液保护，生长季用代森锌、甲基托布津或万霉灵药剂交替使用，共喷 2~3 次。立枯病发现病苗后，用百菌清可湿性粉剂、杀毒矾可湿性粉剂或美曲膦酯粉剂，每 7~10 天喷 1 次，连续 2~3 次。炭疽病可结合褐斑病的防治。

2. 虫害防治　主要虫害有蓟马和地老虎。防治时可减少越冬基数，清除田间枯枝残叶，集中处理烧毁。蓟马药剂防治，成、若虫期可喷七星保乳油或氯—马乳油，每 7~10 天喷 1 次，连续 2~3 次，采收前 7 天停止用药。地老虎可采用人工捕捉或用辛硫磷乳油进行地面喷施。

四、采收

5 月中旬至 6 月初，当茎长到高 40 厘米左右，幼叶尚未展开前应适时进行采收。

第十八节　苜　蓿

苜蓿，豆科，别名苜蓿芽（图 5-18）。

一、形态特征

多年生草本，高 30~80 厘米，根状茎粗或分支，主根粗长。茎直立或斜生，多分支。羽状三出复叶互生，托叶锥形，下部与叶柄合生，叶片倒卵形或倒披针形，有小刺尖，上部边缘有细锐锯齿，中下部全缘，表面无毛或近无毛，背面生伏毛。短总花序腋生，花密集近头状；萼钟状，5 齿裂；花冠紫色或蓝紫色，蝶形。荚果呈螺旋状卷曲，疏被毛。花期 5~7 月份，果期 6~8 月份。

苜蓿喜冷凉气候，生长适温为 12℃~17℃，高于 20℃ 或低于 10℃ 时植株生长缓慢，耐寒性强，零下 5℃ 低温下叶片易被冻死，翌春温度回升后萌芽生长。适宜土质松软的沙质壤土，pH 值为 6.5~7.5，在轻度盐碱地上可种植，但当土壤中盐分超过 0.3% 时要采取压盐措施。苜蓿耐寒、耐瘠、耐旱但不耐渍,在排水良好的土壤上都能生长,对土壤要求不严,丘陵岗地、旱地、荒山荒坡均可种植。因苜蓿根系发达,又具有固氮能力,故可改良土壤、培肥地力。

二、栽培技术

1. 选地整地 选排水良好的耕地,深翻20厘米,耙平做1米宽的畦,播前结合整地施有机肥、磷肥,1次施入,还可适当施些钾肥。为防止苗期杂草,播前结合整地将氟乐灵施入5厘米深的土中,有效期可达3~5个月份。

2. 种子繁殖 苜蓿春秋两季均可栽培,但秋季生长旺,品质好,以秋季栽培为主,可于7~9月分期播种,8月陆续采收,春季可于4月播种,6月陆续采收。

植株一部分

图5-18 苜蓿

苜蓿为浅根系,种子细小,所以整地要精细,深耕20厘米,以利于出苗。多采用高畦栽培,在畦内开小浅沟,沟心距20厘米,沟深2~3厘米,然后将种子和细沙均匀拌和后播在沟内,播后覆土,土厚0.3~0.5厘米,撒播时在畦面上搂浅沟撒播、覆土,稍镇压。播种时要求土壤湿润,以条播为主,行距30厘米,播种最佳深度为0.5~1厘米。

3. 田间管理 出苗前保持土壤湿润,出苗后注意经常灌水,幼苗有2片真叶时应追肥1次,以后每采收1次施1次肥,一般于采收后2天追肥,如果采收立即追肥,因伤口未愈合,苜蓿易腐烂。栽植后应及时间苗,随间苗随除草、松土,成株后,抗旱能力增强,在幼苗期和夏季收割后要及时除草,在冬前、返青后、干旱时要浇水。低洼地要注意雨季排水,水淹24小时苜蓿会死亡。

三、病虫害防治

1. 病害防治　主要是锈病、褐斑病、霜霉病。用多菌灵、托布津药剂防治。

2. 虫害防治　遇到病虫害时，一般用杀螟松、乐果或氰戊菊酯喷雾。

四、采收

株高 15 厘米左右时，可采食嫩茎叶。作为牧草收割，一般在始花期，也就是开花达到 1/10 时开始，最晚不能超过盛花期。每年可收割 3～4 次，最后 1 次收割不要太晚，一般收割后要留出 50 天的生长期。留茬高度以 5 厘米为宜。

第十九节　歪　头　菜

歪头菜，豆科，别名两叶豆苗、歪脖菜（图 5-19）。

一、形态特征

多年生草本，高 40～80 厘米，根状茎粗壮，近木质。茎直立，常数茎丛生，具细棱，无毛或有毛。偶数羽状复叶互生，小叶 1 对，叶柄短，叶轴末端刺状；托叶长于叶柄；叶片卵形或椭圆形，基部宽楔形，先端急尖，边缘全缘状，具微凸的小齿，两面无毛或脉上微被毛。花序通常总状腋生，明显长于叶，有花 15～25 朵；萼钟形或筒状钟形，萼齿 5 裂；花冠紫红色或蓝紫色，蝶形，花柱上部四周具毛。荚果扁，长圆形，两端楔形；种子扁圆形，棕褐色。花期 7～8 月份，果期 8～9 月份。

歪头菜喜冷凉湿润的环境条件，较耐寒、耐旱，生命力较强，最适宜在 pH 值 6.5～7.0 阴湿及微酸性沙壤土生长，除低洼易涝地外，在排水良好的中性土壤上均能正常生长，但不耐暑热，以土层深厚、保水保肥力良好的微酸性到微碱性土壤为好。忌连作，在植被形成之后，生长发育良好，数年长势不衰，显示出持久性强的特点。在栽培条件下，当年生长发育缓慢，枝条呈营养生长状态，次年一般于4月下旬返青，7月下旬开花，8月下旬种子成熟，9月下旬枯黄，生育期约130天。野生歪头菜多生于林缘、向阳灌木丛、林间草地、草甸、林下、山丘地带。

二、栽培技术

1. 选地整地　歪头菜的繁殖力强，选排水良好的耕地，前茬作物收获后深耕1遍，翌年春季化冻后即开始精细整地，结合整地，施入有机肥、过磷酸钙、钾肥，对地力较差的地块，在基肥中可加适量氮肥以提高幼苗生长所需营养。将肥料均匀撒在地面，结合翻地与土壤混匀，深翻20厘米，耙平，做1.3米宽的畦。

2. 种子繁殖　歪头菜属于豆科，一般进行干子直播，不进行浸种，因为其种子吸水力强，长时间浸种容易使种子胀破种皮，造成养分外流，甚至烂子，影响发芽率。为防止种子带有病菌，可进行短时的药剂浸种，对种子进行表面消毒再进行播种。

图5-19　歪头菜

歪头菜的种子小，故播种时整地要精细，播种以4～6月份为宜，过迟幼苗生长缓慢，扎根不深，不利于越冬。条播时在畦内开小浅沟，行距40厘米、株距30厘米、穴深4厘米，每穴6粒种子，然后覆土，稍镇压。撒播时在畦面上搂浅沟撒播、覆土，播种时要求土壤湿润。

3. 田间管理　幼苗出土后可浇小水以促进幼苗生长，浇水后及时进行中耕除草，使土壤松软，有利于幼苗生长，防止土壤板结或杂草抑制幼苗生长，中耕不宜过深，以免损伤幼苗根系。当幼苗长至5～6片真叶时进行追肥，以氮肥为主。撒播的要及时间苗，以免幼苗生长过密，纤细柔弱。歪头菜的地下部分可露地越冬，秋季可减少采摘次数，并减少浇水，停止追氮肥，以控制地上部分生长，促进根系入土深扎，结合施稀肥，培土护根，促冬前营养体生长良好，增强抗寒力。第2年春季返青后施肥浇水，以满足茎叶生长发育的需要。

三、病虫害防治

1. 病害防治　主要病害有丝核茎腐病、疫病、病毒病、根腐病。采用适时播种，实行合理的轮作制度，加强田间管理，避免土壤过干过湿，种子处理用拌种双粉剂或福美双可湿性粉剂拌种。药剂防治应在丝核茎腐病发病初期用百菌清可湿性粉剂、甲霜灵锰锌可湿性粉剂或甲基立枯磷乳油，每7~10天喷1次，连续1~2次。疫病用甲霜灵拌种，发病初期开始喷洒波尔多液、克露、抗灵可湿性粉剂、三乙膦酸铝可湿性粉剂，对上述杀菌剂产生抗药性的地区可改用安克锰锌可湿性粉剂或水分散粒剂，每10天左右喷1次，连续1~2次。病毒病发病初期喷洒病毒A可湿性粉剂、植病灵乳剂或83增抗剂，每7~10天喷1次，连续1~2次。根腐病用多菌灵可湿性粉剂浸种1分钟，用1份多菌灵可湿性粉剂与50份细干土混匀，撒在苗基部，每公顷用药量22.5千克，也可在发病初期在植株茎基部喷多菌灵可湿性粉剂或甲基硫菌灵可湿性粉剂，每7~10天喷1次，连续1~2次。

2. 虫害防治　主要虫害有豆蚜、豆芫菁。豆蚜发现初期开始喷灭杀毙乳油或避蚜雾可湿性粉剂。豆芫菁防治应在冬耕消灭部分越冬的幼虫，水旱轮作有利于淹死越冬幼虫，成虫点片发生时，宜用捕虫网捕捉成虫，药剂防治可在成虫期用灭杀毙乳油或灭扫利乳油喷雾。

四、采收

歪头菜的食用为嫩茎叶，当秧苗长至30厘米左右时开始采摘，应摘取其幼叶或茎尖包装上市。采摘后进行浇水施肥，促进新枝产生，20天左右可收获第2茬。

第二十节 山茄子

山茄子，紫草科，别名山茄秧（图5-20）。

一、形态特征

多年生草本，高0.3~0.4米，根状茎鞭状，横生，茎直立，上部疏生短伏毛。茎下部叶鳞片状，褐色，中部叶具细柄，叶片倒卵形或长圆形；叶片5~6枚近轮生，具短柄，叶片倒卵状长圆形；中上部叶片表面被糙毛，背面被较长糙毛。花序顶生，有花3~6朵，花梗细长，无苞片具有花萼5深裂，裂片钻状披针形，密生伏毛；花冠紫色，5裂，喉部具5副裂片；雄蕊5个。小坚果，黑褐色，有光泽。花果期6~9月份。

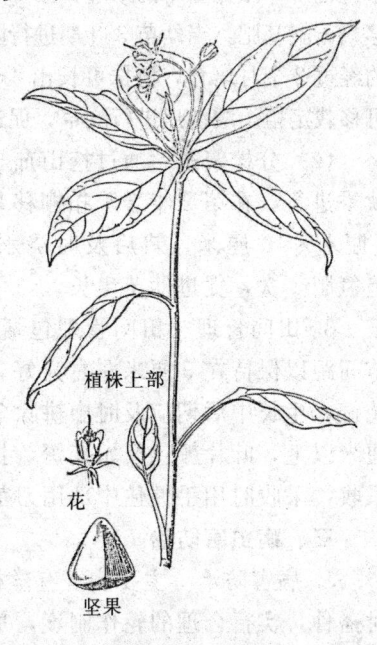

图5-20 山茄子

山茄子具有喜湿、喜温、耐肥的特性，多生长在微酸性或中性土壤中，适应性较强，以种子和宿根越冬，常生于阔叶林下及林缘。

二、栽培技术

1. **选地与整地** 在林缘向阳处，选土层深厚、疏松、肥沃的林缘或林间地块，深翻25厘米，作畦整平。

2. **繁殖方法**

（1）**种子繁殖** 种子于8月份采摘后及时进行畦上穴播，宜先把果皮搓碎，每穴播2粒种子，覆土1~1.5厘米，适度压实，于9月上旬幼苗出土，当幼苗进入3叶期进行除草，促进幼苗的生长，以利于安全越冬。育苗繁殖，育苗基质用珍珠岩和蛭石，按1∶1混合均匀，装入育苗盘，将种子用5倍细沙混合播种，覆土1厘米，浇透水，保持湿润，20天左右即可出苗。选择肥沃向阳处，深翻25厘米，耙平，做宽1米的平畦，按株行距20厘米×20厘米，每穴1株移栽，施基肥，当幼苗3叶期进行除草，促进幼苗生长。播种的幼苗约经过2个月培育，植株可长出4～6片真叶，苗高达10厘米左右，可移栽定植，缓苗后进行除草，促进幼苗生长。

（2）分株繁殖　通过挖山茄子根株，进行分株，宜在第2年秋季进行，在第2年春季扣棚移栽，可提前上市。移栽按株行距5厘米×10厘米，栽后及时浇水、除草，在缓苗后15～20天，追氮肥1次，促进幼苗生长。

3. 田间管理　田间管理包括按时浇水、除草，过密的间除，苗间距以保持在5厘米左右为好。春季肥水管理是山茄子栽培的关键，生长中后期应及时中耕除草和补施磷、钾肥。当植株高30厘米以上，叶片颜色开始变深，折断叶柄有少量纤维素时，即可采收，采收时用手握住中部用刀割，捆把上市。

三、病虫害防治

1. 病害防治　主要病害有丝核茎腐病、病毒病。防治时可适时播种，实行合理的轮作制度，加强田间管理，避免土壤过干过湿，种子处理用拌种双粉剂或福美双可湿性粉剂拌种。进行药剂防治。丝核茎腐病发病初期宜用百菌清可湿性粉剂、甲霜灵锰锌可湿性粉剂或甲基立枯磷乳油，每7～10天喷1次，连续1～2次。病毒病发病初期喷洒病毒A可湿性粉剂、植病灵乳剂或83增抗剂，每7～10天喷1次，连续1～2次。

2. 虫害防治　主要虫害有豆蚜、豆芫菁。豆蚜发现初期应喷灭杀毙乳油或避蚜雾可湿性粉剂。豆芫菁防治可在冬耕消灭部分越冬幼虫，水旱轮作可淹死越冬幼虫，成虫点片发生时，用捕虫网捕捉成虫，在成虫期可用灭杀毙乳油或灭扫利乳油喷雾防治。

四、采收

鲜食与饲料用,宜在 6~7 月采嫩叶做菜肴,饲料用宜在 8 月果实成熟期收割全株,切碎煮熟做饲料或阴干后粉碎备用。如采收种子时,最好在坚果成熟即将落地前采收,并及时搓碎果皮,筛簸纯净后立即播种。

第二十一节 费　菜

费菜,景天科,别名土三七、景天三七(图 5-21)。

一、形态特征

多年生草本,高 30~50 厘米,根状茎粗短,木质化,灰白色。茎直立,单一或数叶丛生,无毛或被乳头状短毛。单叶互生,近无柄,叶片肉质,坚实,呈椭圆状披针形或倒披针形,基部楔形,先端钝或渐尖,边缘有不整齐锯齿。聚伞花序顶生,分支平展,萼片 5 裂;肉质,线形,花瓣 5 枚,黄色,椭圆状披针形,雄蕊 10 个,蓇葖果呈星芒状,种子椭圆形,边缘具狭翼。花期 6~8 月份;果期 7~9 月份。

费菜喜温暖、向阳的环境,生长适宜温度 20℃~28℃,不耐寒,一般的土壤均可种植,最好是沙质壤土、腐叶土或菜园土加一些草木灰、稻壳灰或煤渣;不宜在黏重的地区栽培,耐干旱,土壤湿度过大,容易造成烂根。常见于山坡林缘、山谷林下、灌丛、河岸阴湿地方。

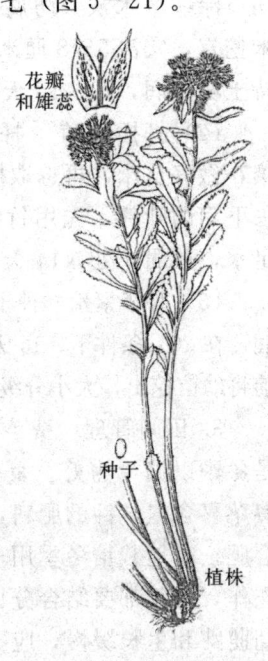

图 5-21　费菜

二、栽培技术

1. 选地整地　费菜喜凉爽气候,选择日照长而阳光又不强烈的地段,以排水良好、向阳、肥沃、疏松的沙质或富含有机质壤土为好,不宜连作,在前茬作物收获后先清除田间残株杂草,然后均匀撒施堆肥,使肥料与土壤充分混合,避免烧苗。深耕20~25厘米,然后整细耙平,做成宽1.2米的栽培畦。

2. 繁殖方法　主要采用分根繁殖,也可扦插和种子繁殖。

(1) 分根繁殖　于春季植株萌芽前,将母株挖出,利用费菜母株的蘖芽,把分蘖的小苗丛一分为二或一分为四,使每丛苗有芽孢2~3个。挖苗时要谨慎不要破坏母株,随挖随栽入土中,伤口涂些草木灰,防腐烂。在整好的畦面上按行、株距各35厘米挖穴,穴深5~8厘米,每穴栽1丛,填土压紧后浇水,经常保持土壤湿润,10~15天即可萌生新芽。

(2) 扦插繁殖　扦插时要用肥沃、疏松、团粒结构好的土壤,做好苗床,再选取插条,用粗壮的茎干,剪成5厘米段,除去下面的叶片,先用竹竿扎洞后,将插条插入洞内1/2,及时浇足水,放弱光处,14天后再正常管理。

(3) 种子繁殖　种子用细沙混合播种,覆土,浇透水,保持湿润,在20℃条件下,15天左右出苗。种子育苗生长1年移栽,移栽前将幼苗挖出,大小分级,按行距20厘米,株距10厘米移栽。

3. 田间管理　费菜为肉质根,较耐旱,浇水不必太勤,特别是冬季以偏干为好。夏季每天早晚向叶面喷些水,有利于生长。费菜喜含氮、钾的肥料,首先要施足底肥,生长期可施尿素或复合肥,露地栽培冬季用草帘或塑料薄膜覆盖,以避霜雪。费菜忌连作,每年都要结合分株繁殖,换上新土。费菜栽培后,由于前期萌芽和生长缓慢,应于每次浇水后进行中耕除草,防止杂草抑制幼苗生长,同时进行中耕松土,防止土壤板结,保持土壤疏松透气,以利于根系及幼苗的生长。进入旺盛生长期,应进行追肥,并同时进行浇水,夏季采收嫩茎叶后应追施氮肥1次,为促进新枝的萌发和生长,秋季再进行1次采收,采收后追施积肥或堆肥,以增加土壤肥力,保证根条安全越冬。

三、病虫害防治

1. 病害防治　主要病害是白粉病。防治措施包括避免种植过密，注意通风透光，可减少此病。药剂防治通过喷洒农药，费菜病虫害可减少，对于蜗牛、卷虫、黏虫和蝗虫，只能捕杀不能喷农药，以免服用中毒。

2. 虫害防治　主要虫害有蛴螬、地老虎、蝼蛄。防治时可用地膜覆盖，及时清除病残株，进行秋季或初冬翻地，利用树叶、杂草、菜叶等在菜田做成诱集堆，天亮后集中捕捉或利用天敌进行捕杀。药剂防治蛴螬可用生石灰、茶枯粉或用灭蛭灵颗粒。地老虎和蝼蛄可用辛硫磷乳油进行地面喷雾。

四、采收

1. 采收　当费菜长到4～6厘米时即可摘心，促进多分支，长到15厘米左右可采收。采收方法有两种，一种是采摘上部枝叶，基部留3～4个节，让其重新发芽；另一种是采大留小，即把粗大的枝叶采摘，留下小枝不采，让其继续生长。采取的枝叶根据需要加工成为成品。

2. 加工

（1）养心茶　先把采收枝叶洗净、切段，每段1厘米左右，然后进行日晒或烘干。费菜含水分多，很难晒干，要解决日晒难干的问题，可采取两种方法，一种是把采下切段的枝叶，置蒸笼内蒸软后再晒，这样晒干只要3～5天时间，但其质量不如自然直晒。另一种是机械烘干，可用烘干机，此法烘干迅速而卫生，是制作养心茶的主要方法。为使养心茶有香味，口感好，可在加工时加入少量甜叶菊或茉莉花，制成香甜可口的养心茶。

（2）费菜汁　把费菜洗净切段后榨成菜汁，可做饮料。如果是大批量可用压榨机进行工厂化生产，家庭饮用可用小型榨果汁机，最好每500克鲜叶中加入10～15粒红枣同榨（红枣要去核用水浸泡1小时），这样加工出来的菜汁口感好，又能健胃，家庭榨取可现榨现饮。